KONSTANZE KRÜGER
ISABELL MARR
KATE FARMER

LATERALITÄT BEI PFERDEN

Was körperliche Schiefe, motorische Händigkeit und sensorische Lateralität bedeuten und wie Pferde in Balance kommen

KOSMOS

INHALT

Mehr entdecken, mehr verstehen
DAS
KOSMOS
VERSPRECHEN
Expertenwissen seit 1822

Was Einseitigkeit über Pferde verrät

Pferde führt man links und von dieser Seite steigt man auch auf! Das wird fast immer in der allerersten Reitstunde erklärt. Die meisten akzeptieren das einfach. Und wer auf die Idee kommt, nach dem Grund zu fragen, erhält oft die Antwort, dass es so „korrekt" sei oder auf einer alten Tradition beruhe.

Fortgeschrittene Reiter lernen, dass man Pferde „geraderichten" soll. Nun beginnt eine (meist vergebliche) Suche nach einem „geraden" Pferd. Pferde sind von Natur aus schief. Weder Hilfszügel, Lektionen, Bestrafung noch Belohnung werden das ändern. Vermutlich bemerkt man, dass die Schiefe von Tag zu Tag variieren kann. An einem Tag sitzt man vielleicht mit einem Sitzbeinknochen in einem „Loch" und mit dem anderen auf einem „Berg". Am nächsten Tag scheint es eher so, als sei das Pferd auf einer Seite weicher, biegsamer und williger als auf der anderen.
Alle diese Aspekte haben einen gemeinsamen Ursprung: die Einseitigkeit des Pferdes, die auch als Lateralität bezeichnet wird. Erst in den letzten Jahrzehnten haben Wissenschaftler entdeckt, wie viele Facetten diese Lateralität hat und erkannten die Auswirkungen auf das Wohlbefinden von Pferd und Reiter.

Die Lateralität ermöglicht uns einen faszinierenden Einblick in die Welt der Pferde: in ihren Körper, ihre Gedanken und ihren Charakter.
Ein Verständnis für die Lateralität und wie man am besten damit umgeht, führt daher zu einer harmonischen, gesunden, sicheren und erfolgreichen Zusammenarbeit mit unseren Pferden.

WARUM WIR DIESES BUCH GESCHRIEBEN HABEN

Nachdem wir zum ersten Mal auf die Lateralität aufmerksam gemacht wurden, begannen wir plötzlich, ständig ihre Auswirkungen auf das Verhalten und die Bewegungen der Pferde zu bemerken: im täglichen Umgang, in der Kommunikation, im Training. Es fiel uns wie Schuppen von den Augen und wir konnten nicht glauben, dass wir es vorher nicht gesehen hatten! So begannen wir, die Lateralität der Pferde aus wissen-

1

1 Pferde kommunizieren oft einseitig …

2 … und nehmen auch einseitig Kontakt auf.

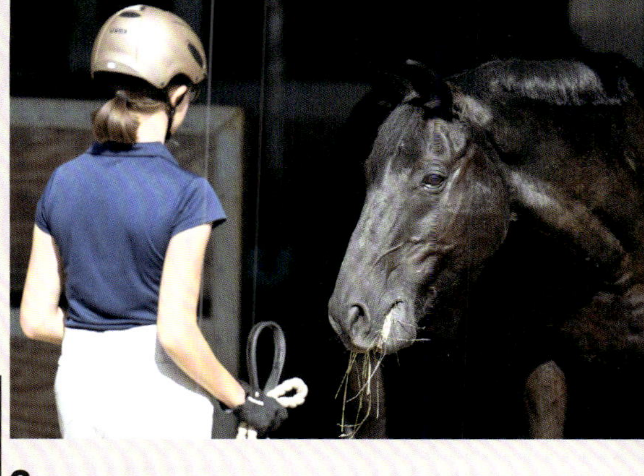

2

schaftlicher Sicht zu untersuchen, und es wurde uns klar, wie weitreichend und wichtig sie ist. Es war uns ein Rätsel, warum dieses Thema nicht mehr Aufmerksamkeit bekam.
Mittlerweile haben wir zahlreiche Vorlesungen und Seminare zur Lateralität gehalten und immer wieder werden wir gefragt, welchen Nutzen das Wissen um die Lateralität für die Praxis hat. Die Antwort: Sie kann uns sehr viel über das Pferd erzählen, fördert ein besseres Verständnis und trägt zu seinem Wohl bei. Zusätzlich ist die Lateralität eines Pferdes einfach und objektiv festzustellen, weshalb dieses Wissen unbedingt in die Praxis gelangen muss.

SO HILFT DIESES BUCH

In diesem Buch haben wir für Sie die wichtigsten Erkenntnisse der Forschung der letzten Jahre leicht verständlich zusammengefasst. Wir geben einfache Anleitungen zur Untersuchung der Lateralität. So können Reiter und Pferdemenschen aller Disziplinen und Niveaus die Lateralität testen, verstehen und mit diesem Wissen eine harmonische Beziehung zu ihrem Pferd aufbauen. Sobald Sie in die Welt der Lateralität eintauchen, werden Sie Ihr Pferd mit anderen Augen sehen, es besser verstehen und den einen oder anderen Aha-Effekt zu scheinbar unerklärlichen Situationen haben.

PFERDE SIND EINSEITIG

LATERALITÄT

Sie begegnet uns auch im täglichen Umgang mit dem Pferd.

Lateralität – was ist das?

Ob Sie reiten oder in irgendeiner Form mit Pferden umgehen, die Lateralität - die Vorliebe der Pferde für eine Seite - begegnet Ihnen täglich, auch wenn Sie sich dessen möglicherweise noch nicht bewusst sind.

Betrachten wir genauer, was sich hinter dieser Lateralität des Pferdes verbirgt. Im Gesamten umfasst sie vier Aspekte.

1. Körperliche Schiefe

Pferde werden bereits mit einer körperlichen Schiefe geboren. Sie sind in der Längsachse gebogen, die Organe (z. B. das Herz und der riesige Blinddarm) sind ungleich auf die beiden Körperhälften verteilt. Auch andere Körpermerkmale (z. B. Haarwirbel) sind asymmetrisch ausgebildet.

2. Motorische Lateralität

Pferde zeigen zudem eine motorische Lateralität. Das bedeutet, dass sich ihre rechten und linken Gliedmaßen in ihrer Geschicklichkeit, Stärke und Verwendung unterscheiden. Beim Ausbalancieren, Abstützen oder Loslaufen werden die Beine unterschiedlich eingesetzt.

3. Sensorische Lateralität

Es gibt auch eine sensorische Lateralität: Pferde verwenden ihre linken und rechten Sinnesorgane, also Ohren, Augen, Nüstern und den Tastsinn, für unterschiedliche Zwecke und in unterschiedlichen Situationen. Sie hören, schauen, beschnüffeln und betasten zuerst mit links oder rechts, je nachdem, wie sie mit Personen oder Objekten unterschiedlicher Bedeutung und in unterschiedlichen Situationen konfrontiert werden.

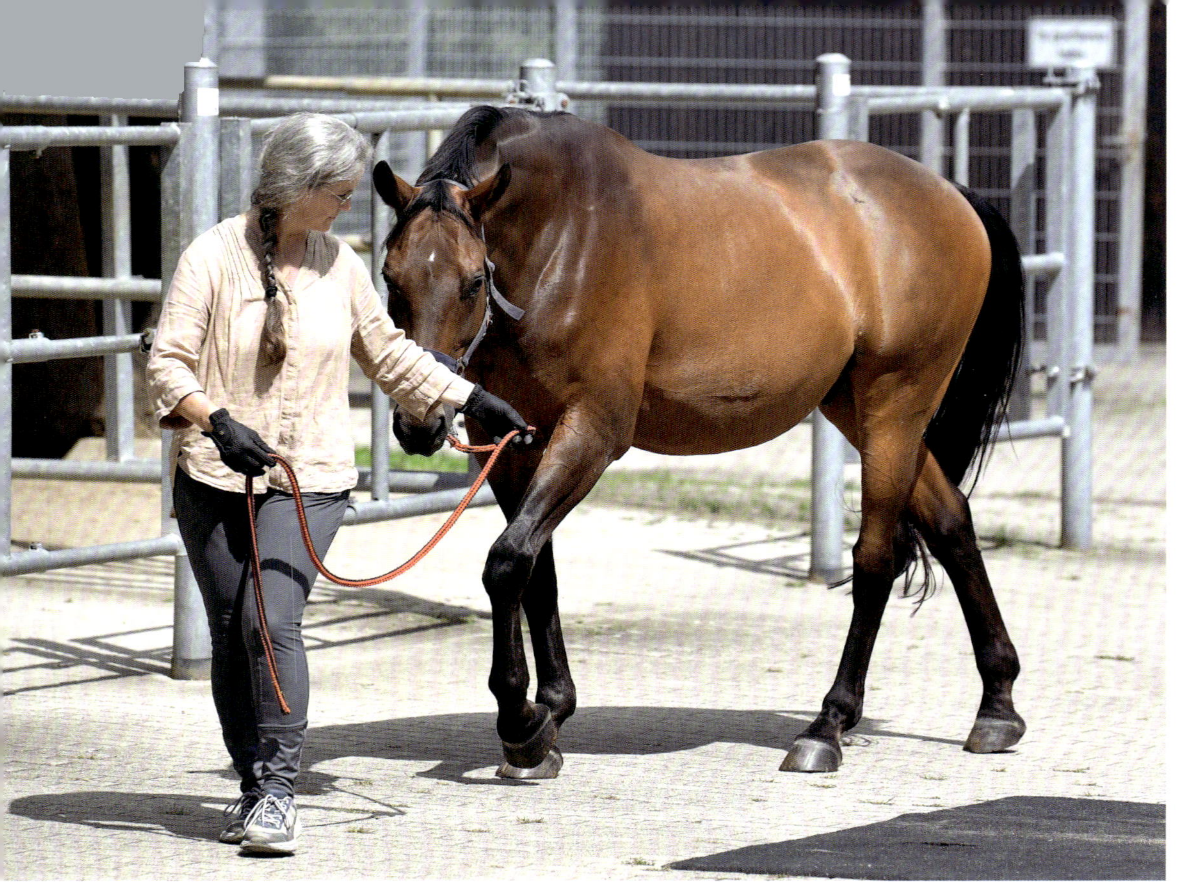

Das Pferd zeigt eine ängstlich Reaktion auf die schwarze Matte an seiner linken Seite.

Schon gewusst?
Einseitigkeit ist ein natürlicher Aspekt des Pferdekörpers und -geistes.

4. Lateralität des Gehirns

Auch das Gehirn der Pferde ist einseitig: Es zeigt eine „Lateralität der Gehirnhälften". Das Gehirn verarbeitet Informationen hauptsächlich in der linken oder rechten Gehirnhälfte – je nachdem, ob das sofortige Einleiten lebenserhaltender Maßnahmen erforderlich ist oder ob der Reiz in Ruhe verarbeitet werden kann. So aktiviert zum Beispiel das plötzliche Auftauchen eines möglicherweise gefährlichen Hundes erst einmal die rechte Gehirnhälfte eines Pferdes. Handelt es sich bei dem Hund aber um einen lange bekannten Stallkumpanen, werden weitere Überlegungen (zum Beispiel darüber, welchen Weg er wohl nehmen wird) in der linken Gehirnhälfte verarbeitet.

LATERALITÄT IM ALLTAG ERKENNEN

Lateralität ist ein wesentlicher Teil des Pferdekörpers und -geistes. Wenn Sie sich dessen bewusst sind, werden Sie dies in fast allem, was Pferde tun, erkennen.

Beim Führen oder Freilauf

Die meisten Pferde haben den Menschen am liebsten auf ihrer linken Seite. Haben Sie einmal die Erfahrung gemacht, dass das Pferd, wenn Sie es

Ungewohntes und Furcht einflößendes halten Pferde lieber links von sich.

LATERALITÄTS-FORSCHUNG

Das Phänomen der sensorischen Lateralität ist seit den 70er-Jahren bekannt. Ärzte wurden darauf aufmerksam, nachdem sie bei an Epilepsie erkrankten Personen die Verbindung zwischen den Gehirnhälften durchtrennt hatten, um die Streuung der epileptischen Aktivität eines Bereichs über das gesamte Gehirn zu verhindern. Diese sogenannten „Split-Brain-Patienten" drehten nun bei der Betrachtung von Objekten ihren Kopf. Wurde ihnen ein Stift sehr schnell präsentiert, verwendeten sie im ersten Moment das linke Auge, um ihn anzuschauen. Als sie erkannten, dass es sich lediglich um einen Stift handelte, wechselten Sie zum rechten Auge, um zu überlegen, welche Farbe dieser Stift haben könnte.

Pferde zeigen ähnliche Verhaltensweisen. Auch sie wechseln zwischen ihren Augen hin und her, um ein Objekt zu betrachten, zum Beispiel, wenn sie eine plötzlich auf ihren Weg gewehte Plane untersuchen wollen. So liefern sie Informationen an die zwei Hälften ihres einseitigen Gehirns.

von rechts führen, unruhiger wirkt, als wenn Sie es von links führen, insbesondere in einer Situation, in der es aufgeregt oder ängstlich ist? Oder haben Sie bemerkt, dass die Aufregung oder Angst des Pferdes stärker ausgeprägt ist, wenn Sie versuchen, es von rechts zu führen und das Pferd dies überhaupt nicht möchte? Vielleicht zieht es sich zurück oder versucht, an Ihnen vorbeizulaufen, um Sie auf seine linke Seite zu bringen.

Gelegentlich werden Pferde aggressiv und drohen, beißen oder treten sogar, wenn sich jemand von der „falschen Seite" annähert. Dies sind typische Beispiele, wie das Pferd seine Vorliebe für eine Seite gegenüber der anderen deutlich zum Ausdruck bringt.

Beim Freilauf

Man erkennt die Lateralität des Pferdes auch gut, wenn es im Roundpen oder in einem geschlossenen Longierzirkel freiläuft. Hier nähern sich die meisten Pferde einer Person williger und schneller, wenn diese links von ihnen steht (das Pferd die Person also im linken Auge sieht). Unabhängig von der Bewegungsrichtung halten Pferde die Person beim Annähern normalerweise auf ihrer linken Seite.

Im Umgang

Oft ist der Vorzug der Pferde, Menschen auf ihrer linken Seite zu halten, unauffälliger. Vielleicht gibt es eine Seite, auf der Ihr Pferd sich entspannter putzen lässt? Oder Sie bemerken, dass Ihr Pferd seinen Kopf nach hinten dreht, um Sie mit dem linken Auge anzuschauen, wenn Sie auf seiner rechten Seite stehen? Eventuell schiebt es Sie still und heimlich wieder auf seine linke Seite, während Sie stehen bleiben und sich mit jemandem unterhalten?

Beim Longieren

Die Longenarbeit ist eine weitere Situation, in der die Lateralität des Pferdes oft sehr deutlich zu erkennen ist. Hier wird offensichtlich, dass Pferde aufgrund ihrer körperlichen

Fohlen bevorzugen Sozialkontakte an ihrer linken Seite.

1

Schon gewusst?

Ein junges Pferd lässt sich meist lieber linksherum longieren, denn es möchte die longierende Person im linken Auge behalten.

2

1 Für manche Pferde ist es schwierig, rechtsherum longiert zu werden.

2 Linksherum zeigen sie sich oft williger.

Schiefe und motorischen Einseitigkeit auf einer Seite besser ausbalanciert und koordiniert sind. Beim Longieren werden manche Pferde auf einer Seite unruhig (normalerweise auf der rechten Hand) und weigern sich möglicherweise, in diese Richtung zu laufen. In extremen Fällen kann es vorkommen, dass sie herumwirbeln und sich vom Longenführer lösen oder sogar steigen oder nach der Person treten, um nicht nach rechts gehen zu müssen.

Weitere Beispiele

Wir sehen Lateralität bei Pferden auch in anderen Zusammenhängen:

– Die meisten Pferde haben ein bevorzugtes Vorderbein, wenn sie grasen, aus einem Eimer oder vom Boden fressen oder wenn sie aus einem Bach oder einer Pfütze trinken. Aus diesem Vorzug für das Voranstellen eines Vorderbeins können sich ungleich große Vorderhufe entwickeln. Bei manchen Pferden ist der linke Huf weiter und flacher als der rechte.

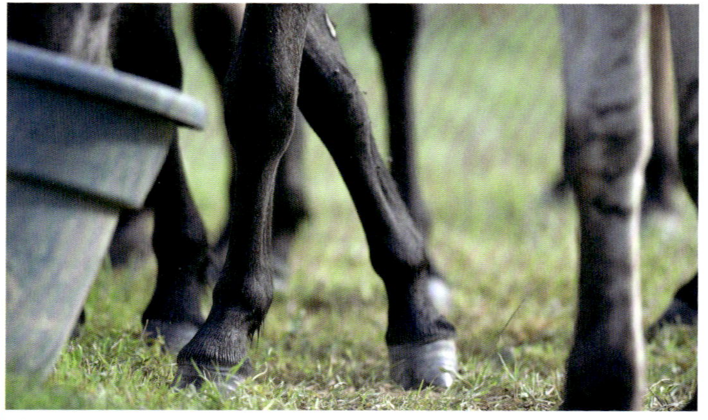

1

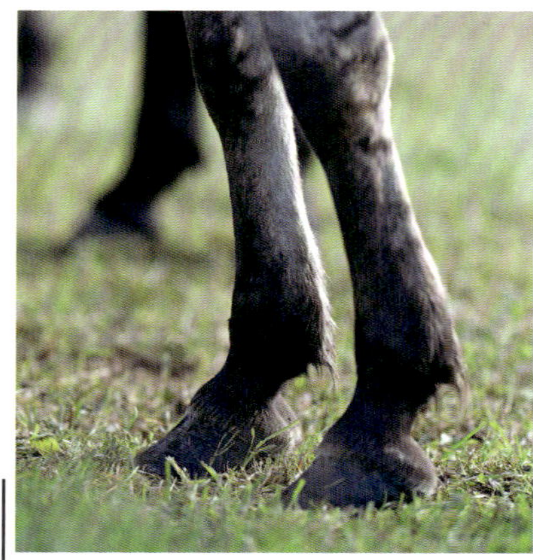

2

1 Die motorische Lateralität zeigt sich z. B. im Vorzug, ein Bein voranzustellen.

2 Das kann das rechte oder das linke Bein sein.

– Fast alle Pferde haben eine gespannte (oder harte) Seite und eine hohle (oder weiche) Seite. Wenn Sie auf einem sehr „schiefen" Pferd gesessen haben, dann wissen Sie, wie unangenehm dies ist – besonders, wenn sich das Pferd aufregt, denn dann wird es noch schlimmer.
– Viele Reiter kennen die Erfahrung, dass ein Pferd beim Durchreiten einer Ecke des Reitplatzes oder zum Beispiel beim Vorbeireiten an einer Mülltonne wegspringt. Passiert man dieselbe Stelle hingegen aus der anderen Richtung, hat es kein Problem damit. Dies ist besonders verwirrend, wenn das Pferd bereits ruhig vorbeigegangen ist und dann erschreckt, wenn es sich von der anderen Seite nähert.
– Die meisten Pferde haben ein bevorzugtes Vorderbein zum Galoppieren und Springen. Im Springparcours haben Sie vielleicht schon bemerkt, dass es meist leichter ist, ein Pferd nach links auf neue Sprünge abzuwenden als nach rechts.
– Wenn Sie Pferderennen verfolgen, wissen Sie, dass viele Pferde eine bevorzugte Laufrichtung haben.

Dies sind nur einige Beispiele für die unterschiedlichen Auswirkungen der Lateralität auf das Reiten und den Umgang mit dem Pferd. Begreifen wir die Bedeutung und insbesondere die Veränderungen in der Lateralität, können wir Pferde besser verstehen und eine harmonische Partnerschaft aufbauen. Wir können das geistige und körperliche Wohlbefinden unserer Pferde verbessern!

WOHER KOMMT DIE LATERALITÄT?

Es ist eine gängige Annahme, Pferde seien linksseitig, weil wir sie in der Regel einseitig handhaben – also von ihrer linken Seite führen, auftrensen, satteln, aufsteigen ... Häufig wird das Aufsteigen von links auf den historischen Einsatz von Pferden im Kampf zurückgeführt: Kavalleristen trugen das Schwert normalerweise auf der linken Seite, um es mit der rechten Hand zu ziehen. Somit war das Aufsteigen von links einfacher und wurde zur Norm. Ob dies tatsächlich der Ursprung dieser Tradition ist und warum wir ihr bis heute folgen, ist jedoch

1 Traditionell steigen wir von links auf.

2 Liegt das an den Pferden …

3 … oder an unserer Geschicklichkeit?

2

1

unklar. Moderne Forschungen weisen auch auf andere Möglichkeiten hin: Die menschliche Einseitigkeit macht es uns leichter, Pferde mit der rechten Hand zu führen und das rechte Bein beim Aufsteigen über den Rücken des Pferdes zu schwingen, während unser stärkeres linkes Bein im Steigbügel den Körper hochdrückt und stützt. Dazu kommt der Vorzug der Pferde, uns links von sich zu halten.

3

Pferde sind kopfgesteuert

Warum bevorzugen manche Pferde den Linksgalopp? Warum schauen einige Pferde ein Objekt kaum an, wenn sie es mit einem Auge passieren und erschrecken sich zu Tode, wenn sie es beim Zurückkehren mit dem anderen Auge sehen? Woher kommt diese Einseitigkeit der Pferde?

Pferde sind, genau wie wir, „Sklaven" des Gehirns. Das Gehirn gibt vor, welche Sinne und welche Gliedmaßen welcher Körperseite verwendet werden sollen. Es ist in zwei Gehirnhälften unterteilt, die durch eine Brücke verbunden sind (das sogenannte Corpus callosum). Früher ging man davon aus, dass beim Pferd Informationen nicht von einer Gehirnhälfte auf die andere übertragen werden können, das Corpus callosum also nicht passieren können. Das ist aber falsch, denn kräftige Nervenbündel kreuzen beim Pferd von einer Gehirnhälfte zur anderen. Es werden also durchaus Informationen zwischen der linken und rechten Gehirnhälfte übermittelt.

Wenn das Gehirn also einseitig Informationen einfordert, dann liegt das daran, dass die Gehirnhälften selbst einseitig sind! Sie sind einseitig

Schon gewusst?

Das Gehirn gibt vor, mit welcher Nüster beschnüffelt, mit welchem Ohr belauscht, mit welchem Auge beobachtet und wie etwas betastet werden soll, und verarbeitet Informationen bevorzugt in einer bestimmten Hälfte.

– in Bezug auf die Zuordnung verschiedener Informationskategorien (z. B. soziale Informationen, Raubtiere betreffende Information, Informationen über Futterstellen, …);
– in Bezug auf verschiedene Informationsqualitäten (z. B. positiv/negativ oder freundlicher/aggressiver, gefährlicher/ungefährlicher, bekannter/unbekannter Weidekumpel)
– und in der Informationsverarbeitung (schnell und reaktiv im Gegensatz zu langsam und überlegt).

1

2

Je nachdem, um was für Informationskategorien es sich handelt und je nachdem, wie es dem Gehirn geht (ob es angestrengt oder ausgeruht, gestresst oder entspannt ist), fordert es eine einseitige Informationsaufnahme der Augen, Ohren, Nüstern oder des Tastsinns einer Körperhälfte und den einseitigen Gebrauch der Gliedmaßen.

DAS GEHIRN IST DER CHEF

Die Abschnitte des Gehirns sind auf die Verarbeitung ganz unterschiedlicher Informationen spezialisiert und sie können gleichzeitig arbeiten. Dies ist für das Fluchttier Pferd unglaublich nützlich, denn ein Pferd kann zum Beispiel mit der rechten Gehirnhälfte ein Raubtier im Blick behalten und gleichzeitig mit der linken Gehirnhälfte überlegen, wohin es flüchten könnte.

Das Gehirn bestimmt also je nach Art der Information, mit der es konfrontiert wird, auf welcher Seite es aktiv wird. In der rechten Gehirnhälfte laufen schnelle, instinktive Reaktionen ab. Hier wird abgewogen, ob geflüchtet werden muss, wie auf soziale Informationen zu reagieren ist und hier werden überlebenswichtige, körperliche Funktionen gesteuert. In unserem Beispiel wägt die rechte Gehirnhälfte ab, ob es die Flucht vor einem „Raubtier" einleiten muss.

1 Pferde bevorzugen Informationen über Menschen von links.

2 Auch Unbekanntes betrachten sie zunächst mit den linken Sinnesorganen. Dabei betreibt ihr Gehirn „Multitasking".

Schon gewusst?

Die rechte Gehirnhälfte reagiert auf Informationen, die linke Gehirnhälfte verarbeitet Informationen.

Die linke Gehirnhälfte ist auf die langfristigere Verarbeitung und die Abwägung von Informationen, auf Lernprozesse und das Langzeitgedächtnis spezialisiert. Also in diesem Fall auf die Abwägung, ob eine Fluchtroute der Gesundheit zuträglich ist, denn eine unbedachte Flucht könnte in den Morast oder in einen Steilabhang führen.

SCHIEFLAGE IM GEHIRN

Geht es dem Pferd schlecht, ist es zum Beispiel gestresst, so wird die rechte Gehirnhälfte vermehrt aktiv, denn das Gehirn bereitet das Pferd vor, zu flüchten. Eine kleine Bewegung, etwas Unbekanntes, suspekte Geräusche und Gerüche reichen bei einem gestressten Pferd aus, um es nervös und fluchtbereit zu stimmen. Man erkennt dies eindeutig daran, dass die rechte Gehirnhälfte die Informationsaufnahme zunehmend über die linken Sinnesorgane fordert und den vermehrten Gebrauch der linken Gliedmaßen einleitet.

1 Die Pferde sehen etwas Furcht einflößendes, wie etwa einen großen, bunten Ball.

2 Das sorgt für Verwirrung.

3 Möglicherweise droht auch Gefahr!

4 Das Gehirn fordert Informationen vermehrt von den linken Sinnesorganen.

1

Schon gewusst?

Wenn es dem Pferd gut geht, geht es dem Gehirn auch gut. Dies zeigt sich durch eine ausbalancierte Verwendung der Sinnesorgane und Gliedmaßen.

2

3

4

AUSTAUSCH ÜBER KREUZ

Wenn wir beurteilen wollen, welche Gehirnhälfte gerade aktiv ist, müssen wir zusätzlich beachten, dass Gehirn und Körperhälften zum größten Teil über Kreuz verbunden sind. Die linke Gehirnhälfte ist bei Pferden zu 80 % mit der rechten Körperhälfte und die rechte Gehirnhälfte zu 80 % mit der linken Körperhälfte verbunden. Schaut das Pferd also etwas mit dem linken Auge an, dann gelangt 80 % dieser Information zur rechten Gehirnhälfte. Verwendet es daraufhin das rechte Auge, dann wird die Information zu 80 % an die linke Gehirnhälfte geschickt.

Häufig sieht man, dass die zwei Gehirnhälften nacheinander aktiv werden. In vielen Situationen, wie etwa wenn das Pferd etwas Neues zum ersten Mal sieht, fordert das Gehirn zunächst, dass die linken Sinnesorgane Informationen über diese Situation aufnehmen und an die rechte Gehirnhälfte schicken.

Wir schauen uns das wieder an einem Beispiel an: Sie kommen bei einem Ausritt im bekannten Wald an einer bunten Tüte, voll mit Müll von einem vergangenen Picknick, vorbei. Ihr Pferd stoppt etwas nervös, dreht sich ein wenig und betrachtet die Tüte mit

Schon gewusst?

Die linke Gehirnhälfte ist bei Pferden zu 80 % mit der rechten Körperhälfte und die rechte Gehirnhälfte zu 80 % mit der linken Körperhälfte verbunden.

Die Informationen über den Ball von rechts gehen zu 80 % an die linke Gehirnhälfte.

seinem linken Auge. Die rechte Gehirnhälfte überprüft dann diese Situation und es gibt zwei Möglichkeiten:

1. Die rechte Gehirnhälfte stellt fest, dass keine sofortige Flucht nötig ist. Dann kann das Pferd die Informationen zu dem bunten Sack mit den rechten Sinnesorganen aufnehmen und an die linke Gehirnhälfte schicken. Die Details und Eigenschaften der Tüte werden umfassend ausgewertet.

2. Die rechte Gehirnhälfte entscheidet, dass die Tüte extrem gefährlich ist. Ihr Pferd wird nach rechts springen und die Gefahr stur im linken Auge behalten.

Wenn Ihr Pferd sich dazu entscheidet, die Tüte zu inspizieren, dann würde es sich in der Regel für eine anfängliche Betrachtung mit dem linken Auge der Tüte nähern und sie dann im Wechsel mit rechts und links untersuchen. So würden die Informationen über die bunte Tüte und ihren dubiosen Inhalt von der rechten und linken Gehirnhälfte verarbeitet und das Pferd würde schließlich entscheiden, dass der Inhalt der Tüte zwar widerlich riechen mag, aber ungefährlich ist. Die Gehirnhälften vergleichen und speichern die Informationen ab. Ihr Pferd hat etwas gelernt.

Die Informationen über den Ball von links gehen zu 80 % an die rechte Gehirnhälfte.

KÖRPERLICHE SCHIEFE

Fohlen kommen auch durch die Lage im Mutterleib bereits schief zur Welt.

Die körperliche Schiefe

Wir alle und auch unsere Pferde sind schief. Schauen Sie sich Ihr Pferd im Detail an. Sie werden kleine Unterschiede finden: Die Mähne hängt ungleich zu den jeweiligen Seiten, ein Ohr mag tiefer sein als das andere, eine Nüster etwas höher, die Beine eventuell unterschiedlich lang.

Schon gewusst?

Die körperliche Schiefe ist bei den meisten Pferden von Geburt an vorhanden.

Wenn wir selbst in den Spiegel schauen, erkennen wir ebenfalls Unterschiede: ein Mundwinkel zeigt etwas mehr nach unten als der andere, die Augenbrauen sind unterschiedlich geschwungen, ein Fuß ist etwas mehr nach außen gestellt als der andere.

WOHER KOMMT DIE KÖRPERLICHE SCHIEFE?

Man sagt, die körperliche Schiefe würde durch die gekrümmte Lage der Embryonen im Mutterleib und durch die Ungleichverteilung der Organe im Körper verursacht. Das Herz liegt links, der riesige Blinddarm des Pferdes rechts. Fohlen kommen also bereits schief zur Welt.

Die körperliche Schiefe macht sich tatsächlich am stärksten in der Längsachse des Pferdes bemerkbar, also von oben betrachtet vom Kopf über den Hals und Rücken bis zur Kruppe und dem Schweif. Die Mehrzahl der Pferde ist nach rechts und manche sind nach links gebogen, einige Pferde zeigen S-förmige Krümmungen, ähnlich der Skoliose beim Menschen. Wenn Sie also in den Sattel steigen, sitzen Sie bereits auf einem gebogenen Pferd. Meist wölben sich die linken Rippen etwas auf und der Kopf des Pferdes zeigt etwas mehr nach rechts. Sie sitzen dann mit ihrer rechten Hüfte etwas höher und mit der linken tiefer. Eventuell haben Sie auch das Gefühl, dass Ihr linkes Bein auf dem Rippenbogen liegt und etwas nach vorn, Richtung Gurt, rutscht. Ihr rechtes Bein hingegen liegt vielleicht eher gerade.

Sie spüren jetzt die körperliche Schiefe: Eine Körperseite des Pferdes ist vermehrt gedehnt und die andere verkürzt, man spricht von der gespannten und der hohlen Seite.

AUFREGUNG MACHT PFERDE NOCH SCHIEFER

Stellen wir uns also vor, auf einem körperlich schiefen Pferd zu sitzen. Dieses Pferd scheint vom Kopf bis zum Schweif leicht gebogen zu sein. Wenn es sich aufregt, weil es zum Beispiel allein in der Reitbahn ist und andere Pferde weggeführt werden, weil im Gelände ein „gefährlicher“ Traktor vorbeigefahren ist oder weil sein Reiter grob ist, dann wird es auf einmal noch schiefer. Es wird richtig unangenehm für Sie, sich auf diesem Pferd auszubalancieren. Doch woher kommt das?

Die Aufregung hat Stress verursacht und eine einseitige Informationsverarbeitung im Gehirn verstärkt. Die stark einseitig arbeitenden Gehirnhälften verlangen vom Körper, Informationen vermehrt mit den Sinnesorganen einer Seite aufzunehmen (sensorische Lateralität) und vermehrt mit den Gliedmaßen einer Seite zu agieren (motorische Lateralität).

Am Einfluss des einseitigen, gestressten Gehirns kann man arbeiten, indem man sein Pferd so hält und trainiert, dass es sich wohlfühlt. Aber man kann die körperliche Schiefe nicht eliminieren, wie das so manche aus dem Satz „Reite dein Pferd vor-

1

1 Den Verlauf der Wirbelsäule kann man mit Fingerfarbe aufmalen.

2 Die Schiefe der Wirbelsäule verändert sich je nach Körperhaltung …,

3 …, hier von S-förmig zu annähernd gerade in einer Übung zur beidseitigen Wahrnehmung.

KANN MAN DIE KÖRPERLICHE SCHIEFE DER PFERDE FÜHLEN?

Viele Reiter sind der Meinung, sie würden die körperliche Schiefe ihrer Pferde fühlen. Leider scheint das Gefühl in Bezug auf die körperliche Schiefe selbst sehr erfahrene Reiter zu trügen. In einer Doktorarbeit wurde die Einschätzung von Ausbildern mit Rang und Namen zur körperlichen Schiefe der von ihnen gerittenen Pferde mit Messungen verglichen, die über Elektroden auf dem Laufband durchgeführt wurden. Ergebnis: Es gab keine Übereinstimmung der Einschätzung der Profis mit den Messwerten! Das mag daran liegen, dass die körperliche Schiefe sehr vielschichtig ist und permanent von der motorischen und sensorischen Lateralität verändert wird.

3

2

Schon gewusst?

Die Schiefe wird stark von einem einseitigen, gestressten Gehirn beeinflusst.

wärts und richte es gerade" herauslesen. Viele gute Reitlehren raten, die körperliche Schiefe „auszugleichen". Das geht! Denn „ausgleichen" bedeutet, dass die körperliche Schiefe bestehen bleibt, das Pferd aber lernt, sich so zu bewegen, dass es trotz seiner Schiefe auf beiden Seiten ausbalanciert, geschickt und gleich stark ist. Sie können auf solch einem ausgeglichenen Pferde angenehm, in Balance sitzen.

Ein angespannrtes Pferd wird unter dem Reiter deutlich schief bzw. gebogen. Das spürt man im Sattel.

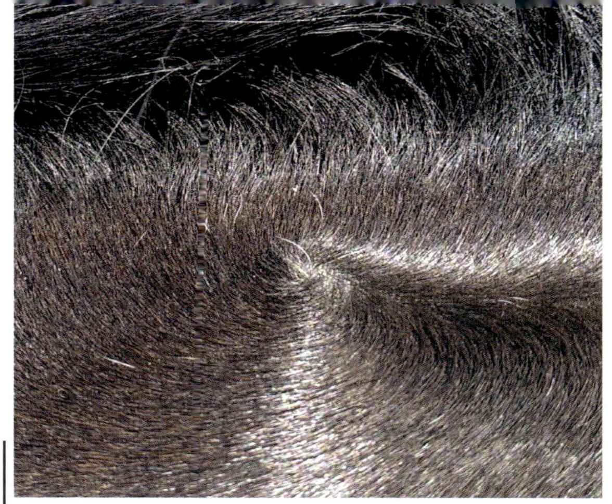

1

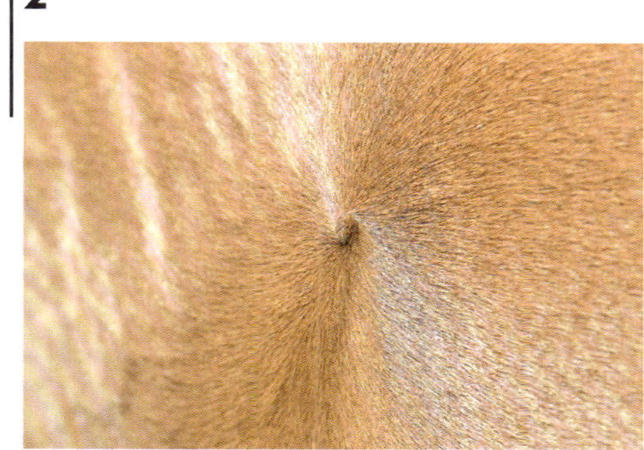

2

HAARWIRBEL UND PERSÖNLICHKEIT

Jedes Pferd hat auf den zwei Körperhälften auch unterschiedliche Haarwirbel, an unterschiedlichen Körperregionen, mit unterschiedlicher Länge, Drehung und Lage. Haarwirbel sind für jedes Pferde typisch und bleiben ein Leben lang erhalten. Deshalb nutzen wir Haarwirbel zur Identifizierung von Pferden, sie werden in den Equiden-Pass eingetragen.

In früheren Zeiten haben Pferdezüchter anhand der Haarwirbel der Pferde sogar Prognosen über ihre Persönlichkeit und ihren Lebensweg aufgestellt. Tatsächlich gibt es eine wissenschaftliche Studie, die berichtet, dass der Stirnhaarwirbel sich bei motorisch linksseitigen Pferden eher gegen den Uhrzeigersinn, zu seiner linken Seite, und bei rechtsseitigen Pferden eher mit dem Uhrzeigersinn, zu seiner rechten Seite, dreht. Welch eine interessante Übereinstimmung, dass motorisch linksseitige Pferde auch häufiger eine pessimistische Persönlichkeit zeigen. Somit könnte die Richtung, in die sich der Stirnwirbel der Pferde dreht, tatsächlich mit Ihrer Persönlichkeit übereinstimmen.

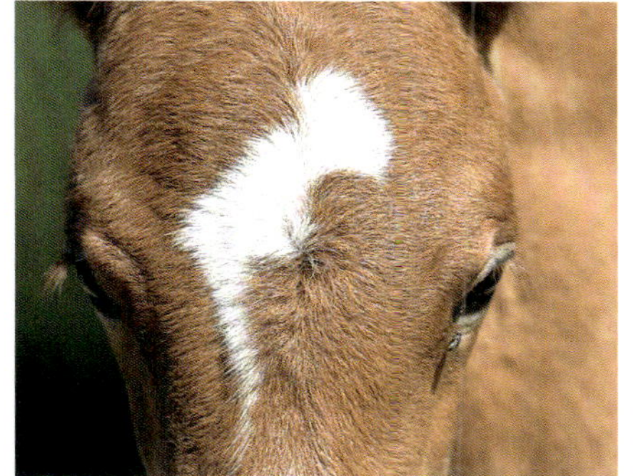

3

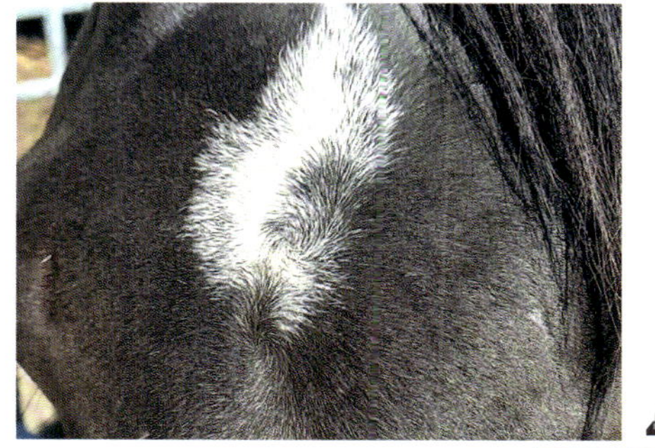

4

1 Haarwirbel, hier am Hals, helfen bei der Identifizierung des Pferdes.

2 Sie können an unterschiedlichen Körperstellen vorkommen, hier z. B. am Bauch.

3 Stirnhaarwirbel bei einem Fohlen

4 Weist der Stirn-Haarwirbel mit und gegen den Uhrzeigersinn auf eine komplexe Persönlichkeit hin?

Motorische Lateralität – der einseitige Gebrauch der Gliedmaßen

Die motorische Lateralität bei Pferden bezeichnet eine Vorliebe für die Verwendung der rechten oder linken Beine oder Hufe. Das ist annähernd vergleichbar mit der Händigkeit beim Menschen, mit dem Unterschied, dass die Händigkeit bei uns bereits im Mutterleib während der Ausbildung des Rückenmarks festgelegt wird und daher stärker verankert ist.

Schon gewusst?

Motorisch linksseitige Pferde stellen das linke Bein häufiger beim Grasen voran und motorisch rechtsseitige Pferde das rechte Bein.

Die Händigkeit zeigt sich bei uns Menschen sehr eindeutig darin, mit welcher Hand wir bevorzugt Gegenstände greifen und halten oder mit welcher wir schreiben und malen. Bei Pferden ist ein genauerer Blick notwendig, denn sie verwenden ihre Vorderhufe nur selten zur Manipulation, z. B. um den Untergrund durch Scharren zu bearbeiten.

WIE SIEHT MAN DAS?

Beobachten wir Pferde beim Grasen oder Heufressen, werden wir erkennen, dass auch Pferde motorisch deutlich

1

einseitig sein können. Ist das Pferd motorisch einseitig/lateral, wird es beim Grasen häufiger ein bestimmtes Bein nach vorn stellen. Pferde gehen zwar langsam voran, sodass auch das andere Bein vorn zum Stehen kommt, aber das bevorzugte Vorderbein steht länger und öfter vorn. Mit dem bevorzugten Vorderbein voran wird das motorisch stark einseitige Pferd immer ein wenig länger beim Grasen verharren.

Langbeinige Fohlen

Die Vorliebe der Fohlen, bei der Weideschrittstellung immer das gleiche Bein voran und das andere nach hinten zu stellen, entspringt zunächst der körperlichen Schiefe. Die Fohlen sind bereits in der Wirbelsäule etwas gebogen. Somit tun sie sich leichter, das Vorderbein an der Außenbiegung vor und das Bein an der hohlen Seite unter den Körper zu stellen. Je länger die Beine und je kürzer der Hals des

1 Pferde stellen das linke oder rechte Vorderbein bevorzugt voran.

2 Das tun sie auch, wenn sie beim Grasen langsam weiterziehen.

2

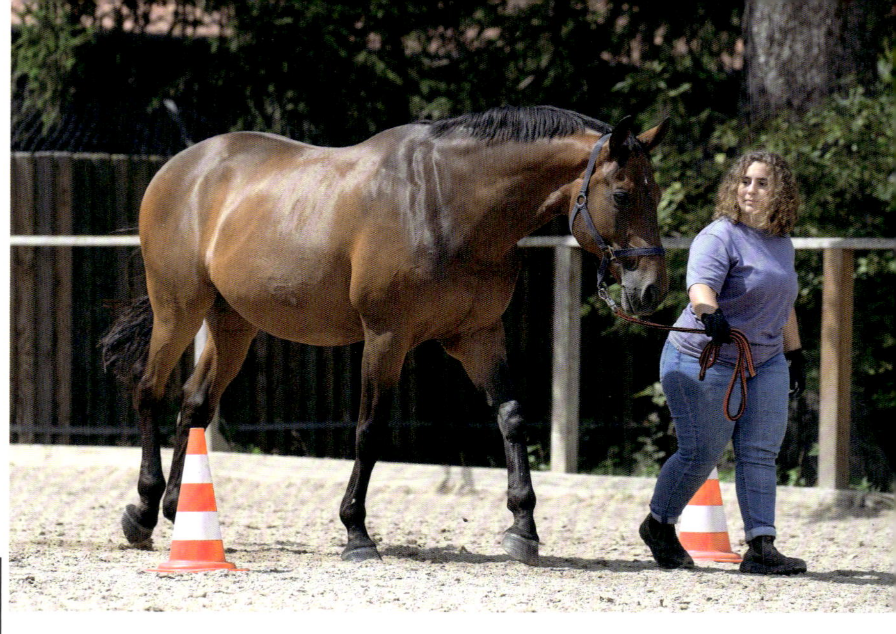

1

Schon gewusst?

Motorisch linksseitige Pferde bevorzugen das linke Bein beim Loslaufen, motorisch rechtsseitige Pferde das rechte. Dies wird als Startbeinpräferenz bezeichnet.

Fohlens ist, umso deutlicher muss es die Weideschrittstellung einnehmen, um überhaupt grasen zu können. Bei jedem Weideschritt wird also die Muskulatur trainiert. Wenn das Fohlen nun immer häufiger das gleiche Bein voranstellt und das andere zurück, dann werden die Muskeln gleichbleibend einseitig trainiert. Die motorische Einseitigkeit, die Händigkeit der Fohlen, wird stärker. Auch die Hufschmiede schlagen Alarm, weil sich die Hufformen solcher Fohlen verändert: Der Huf des vorangestellten Beins wird immer flacher und der Huf des untergestellten Beins immer steiler.

Fohlen mit langen Beinen müssen sich zum Grasen regelrecht verbiegen.

Beinvorlieben beim Loslaufen

Viele Pferde zeigen auch einen Vorzug für ein bestimmtes Vorderbein, wenn sie loslaufen, die sogenannte Startbeinpräferenz. Bei besonders stark einseitigen Pferden ist sogar zu beobachten, dass sie mit dem bevorzugten Bein selbst dann antreten, wenn dieses ein Stück weiter vorn steht. Sie machen dann einen sehr kleinen Schritt mit dem vorn stehenden bevorzugten Bein (manchmal auch nur ein kurzes Anheben und Absetzen), bevor sie das andere Bein im zweiten Schritt nach vorn setzen.

2

1 Bevorzugt Ihr Pferd das linke …

2 … oder das rechte Vorderbein?

WAS VERRÄT DIE SEITIGKEIT DES PFERDES AM BESTEN?

Man kann die Seitigkeit der Pferde mit zwei Methoden zuverlässig beobachten: Die erste Möglichkeit ist das Auszählen des am häufigsten vorangestellten Beines bei der Weideschrittstellung. Die zweite Methode besteht in der Dokumentation des Vorderbeins, mit dem Pferde beim Antreten aus dem Stand am liebsten loslaufen, das ist die sogenannte Startbeinpräferenz.

Bei der Beobachtung der Weideschrittstellung beeinflusst man das beobachtete Pferd weniger, dafür lässt sich die Startbeinpräferenz kontrollierter auszählen.

1

1 Pferde in guten Haltungsbedingungen zeigen eine ausgeglichene motorische Lateralität.

2 Die beginnende Ausbildung stellt für junge Pferde eine kurzzeitige Stresssituation dar.

STRESS UND MOTORISCHE LATERALITÄT

Dass sich die motorische Lateralität in Stresssituationen verändert, haben Forscher beim Aufstallen und Anreiten von Jungpferden untersucht. Sie stellten fest, dass Pferde nach dem Wechsel von Gruppen- in Einzelboxenhaltung einen Anstieg der Stresshormone zeigten und ihre linken Vorderbeine beim Heufressen häufiger voranstellten. Nach einer Woche war die vermehrte motorische Linksseitigkeit bei den meisten Pferden zu beobachten. Auch die Situation in einer Reithalle war für die jungen Pferde trotz des Beiseins eines Weidekumpels neu und erforderte Gewöhnung. Die beginnenden Trainingseinheiten stellten kurzzeitige Stresssituationen dar und führten zu einer vorübergehenden Erhöhung der Stresshormone. In den folgenden zwei Monaten Boxenhaltung mit fortlaufender Ausbildung entwickelten sich die Jungpferde individuell verschieden. Die meisten zeigten aber am Ende dieser Zeit immer noch eine (unterschiedlich stark ausgeprägte) motorische Linksseitigkeit. Die Änderung in der motorischen

2

Schon gewusst?

Pferde verwenden bei Stress nach und nach vermehrt die linken Gliedmaßen. Da diese Veränderung langsam geschieht, ist sie ein zuverlässiger Indikator für lang anhaltenden Stress.

Lateralität entwickelt sich also langsam und hält lange an. Sie ist daher als Indikator für lang anhaltenden Stress geeignet, wie z. B. bei nicht passenden Haltungsbedingungen durch zu wenig Platz oder ausschließlicher Boxenhaltung usw.
Das zeigte auch eine Untersuchung an Eseln, die alle eher zur motorischen Rechtsseitigkeit neigten, als der ihnen zur Verfügung stehende Platz in der Gruppenhaltung noch groß genug war. Als dieser Platz verkleinert wurde und es daher zu mehr Auseinandersetzungen zwischen den Tieren kam, beobachteten die Forscher, dass die Esel plötzlich beidseitig wurden, d. h., der Gebrauch der linken Vordergliedmaßen ist unter der unangemessenen Haltungsbedingung gestiegen.

Testen Sie selbst!

Jeder kann die sensorische und die motorische Lateralität seines Pferdes selbst testen. Es ist gar nicht schwer. Aber es braucht natürlich ein bisschen Zeit, Ruhe und Geduld. Im Folgenden finden Sie ein paar Tipps zur Vorbereitung.

Bevor Sie mit Ihren Tests beginnen, sollten Sie einige Dinge bedenken:

1. Überlegen Sie genau, was Sie testen möchten und wie Sie es testen möchten. Planen Sie sorgfältig und stellen Sie immer die Sicherheit von Pferd und Pferdeführer an erste Stelle.

2. Holen Sie immer die Erlaubnis des Pferdebesitzers und des Stallbesitzers ein, bevor Sie Tests oder Beobachtungen durchführen.

3. Planen Sie die Anzahl der Wiederholungen und wie Sie die Ergebnisse aufzeichnen möchten. Es gibt verschiedene Möglichkeiten, z. B. handschriftlich, mit Videokamera, mit Sprachaufzeichnung usw. Wenn Sie die Ergebnisse für formellere Zwecke verwenden möchten, ist es am besten, zwei Arten der Aufzeichnung zu haben, damit Sie Ihre Daten überprüfen können und ein Back-up haben.

4. Für jeden Test sind mindestens sechs Wiederholungen an drei Tagen erforderlich, um ein aussagekräftiges Ergebnis zu erzielen. Sollten Sie nur einen Tag zur Verfügung haben, empfehlen wir mindestens zehn Wiederholungen an diesem einen Tag durchzuführen, damit das Tagesergebnis zuverlässiger ist. Das ist aufwendig, lohnt sich aber!

5. Achten Sie im Test auf das Wohl des Pferdes. Keiner der Tests sollte das Pferd übermäßig belasten. Wenn das Pferd zu irgendeinem Zeitpunkt Anzeichen von Angst oder Stress zeigt, brechen Sie den Test sofort ab, bevor die Gefahr einer Verletzung besteht. Wenn das Pferd innerhalb von zwei Minuten kein Interesse am Test zeigt, hat es keinen Sinn, diesen weiterzuverfolgen.

6. Wenn Sie Testergebnisse vergleichen wollen, dann sollten die Bedingungen so gut wie möglich gleich bleiben. Kleine Unterschiede können eine große Auswirkung haben. Achten Sie auf ähnliche Wetterbedingungen, ähnliche Aktivität im Stall, ähnliche Tageszeit. Ändern Sie jeweils nur die eine Variable, die sie untersuchen möchten.
Wenn Sie also beispielsweise sehen möchten, ob veränderte Futterzeiten die Reaktionen des Pferdes beeinflussen, lassen Sie alles andere gleich. Halten, behandeln und trainieren Sie Ihr Pferd wie zuvor und führen Sie den Test exakt so durch, wie sie ihn vor der Umstellung der Futterzeiten durchgeführt haben. Andernfalls wissen Sie nicht, was die beobachteten Veränderungen verursacht hat.

1

2

1 Sprechen Sie Beobachtungen mit allen Helfern und Pferdebesitzern gut ab.

2 Überlegen Sie, von welchem Ort Sie die Einseitigkeit der Pferde gut sehen.

Die motorische Lateralität testen

WEIDESCHRITTSTELLUNG

Viele Pferde bevorzugen es, beim Grasen oder Fressen das eine oder andere Bein nach vorn zu stellen. Sie zeigen die sogenannte Weideschrittstellung. Dies können Sie beobachten, wenn Ihr Pferd draußen auf der Koppel ist oder Heu vom Boden frisst. Sie sollten die Beobachtungen bevorzugt auf der Weide oder in einem geräumigen Auslauf mit großräumig verteiltem Heu durchführen. In der Box verändert sich die Fresshaltung der Pferde, denn das Heu liegt auf einer Stelle und Pferde verharren beim Fressen lange in einer Schrittstellung oder stehen öfter mit beiden Beinen auf gleicher Höhe.

Vorbereitungen und Ablauf

1.

Positionieren Sie sich so, dass Sie Ihr Pferd gut sehen können. Wenn Sie draußen sind, müssen Sie ziemlich nah dran sein, aber nicht so nah, dass Ihr Pferd oder andere Pferde durch Ihre Anwesenheit abgelenkt werden. Wenn die Pferde auf Ihre Anwesenheit reagieren, warten Sie, bis alle Pferde ruhig grasen oder stehen.

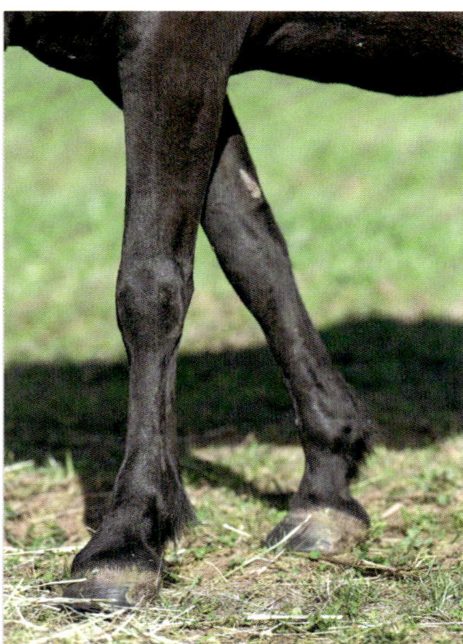

2.

Schreiben Sie auf, welches Bein Ihr Pferd beim Grasen vorangestellt hat. Ein Bein wird als vorangestellt definiert, wenn zwischen beiden Vorderbeinen seitlich betrachtet mindestens eine Huflänge Platz ist. Ist dies nicht der Fall, notieren Sie eine Beidseitigkeit.

3.

Notieren Sie alle 30 Sekunden, welches Vorderbein Ihr Pferd beim Grasen voranstellt, bis Sie mindestens zehn Beobachtungen haben. Mehr Beobachtungen ergeben ein zuverlässigeres Ergebnis.

4.

Wenn Sie einen Test abgeschlossen haben, können Sie den Lateralitätsindex berechnen.

Berechnung des Lateralitätsindex

Die Formel für den Lateralitätsindex (LI) lautet:

LI = (R – L) / (R + L + B) R = rechts, L = links, B = beidseitig

Wenn Sie beispielsweise zehn Wiederholungen machen und das Pferd dreimal die rechte Seite (R) und siebenmal die linke Seite (L) voranstellt, bedeutet das:

R = 3; L = 7, B = 0

Sie rechnen also: 3 minus 7, das ergibt –4. Teilen Sie dann –4 durch 10 (die Gesamtzahl) und Sie erhalten –0,40. Dieses Pferd hat in diesem Test einen Lateralitätsindex von –0,40, was eine Präferenz für die linke Seite zeigt.

Haben Sie eine gleichseitige Wahl notiert, dann summieren Sie rechts (R) + links (L) + beidseitig (B). Haben Sie also dreimal die rechte Seite, fünfmal die linke Seite und zweimal eine gleichseitige Wahl beobachtet, dann rechnen sie

R = 3; L = 5, B = 2

Sie rechnen nun: 3 minus 5, dividiert durch 3 plus 5 plus 2. Das ergibt –0,20, was eine schwache Präferenz für die linke Seite bedeutet.

Ergebnis

Ein positiver Index bedeutet: Das Pferd hat die rechte Seite häufiger verwendet.

Ein negativer Index bedeutet: Das Pferd hat die linke Seite häufiger verwendet.

Ist der Index Null, bedeutet das: Beide Seiten werden gleich häufig eingesetzt.

Auswertung: Was bedeutet das Testergebnis?

Wenn Sie die Weideschrittstellung regelmäßig untersuchen, kennen Sie bald die reguläre motorische Lateralität Ihres Pferdes.

Wenn das Pferd gleichseitig ist oder mäßig zwischen links- und rechtsseitig wechselt: Die meisten Pferde zeigen einen leichten Vorzug für das linke oder das rechte Bein. Dies kann gelegentlich auch wechseln, was ganz normal und kein Anlass zur Sorge ist.

Wenn das Pferd etwas stärker rechtsseitig ist: Bei beidseitigem Training verschiebt sich der Vorzug gelegentlich zum rechten Bein. In der Regel wechseln diese Pferde später zwischen leicht rechts- und leicht linksseitig. Sie gehören zu den ausgeglichenen Partnern.

Wenn das Pferd stark rechtsseitig ist: Diese Pferde kommen extrem selten vor. Ein Index von mehr als 0,8 könnte auch ein Zeichen für ein körperliches Problem sein, beispielsweise für die frühen Stadien einer Lahmheit, insbesondere wenn das Pferd deutlich mehr Zeit auf dem bevorzugten Bein verbringt. Konsultieren Sie einen Tierarzt und einen Ausbilder, der sich mit der Einseitigkeit der Pferde auskennt.

Wenn das Pferd etwas stärker linksseitig ist: Öfter sieht man bei der Weideschrittstellung einen verstärkten Vorzug für das linke Bein. Dieser Vorzug für links kann sich aufgrund schlechter Erfahrungen dauerhaft ausgeprägt haben oder durch eine vermehrte Beanspruchung kurzfristig verursacht werden. In diesem Fall würde er sich, wenn die Beanspruchung abklingt, in eine geringe und meist wechselnde, ganz normale Lateralität einpendeln.

Wenn das Pferd stark linksseitig ist: Ein Index von −0,8 oder sogar weniger könnte ein Zeichen dafür sein, dass das Pferd unter starkem Stress steht. Ursachen für starken Stress sind z. B. Schmerzen, Krankheiten, lang anhaltende Überlastungen oder nicht pferdegerechte Haltungsbedingungen wie etwa Einzelhaltung oder zu wenig Bewegungsmöglichkeiten.

Änderungen der Seitigkeit: Anhaltende Verschiebungen nach links können durch Stress verursacht werden, z. B. kürzliche Veränderungen im Stall, ein Gruppenwechsel oder der Beitritt eines neuen Mitglieds zur Gruppe, ein steigender Aggressionslevel in der Gruppe, Änderungen im regulären Trainingsprogramm oder Veränderungen, die dazu führen, dass die Grundbedürfnisse des Pferdes nicht ausreichend erfüllt werden. Dazu kann beispielsweise eine Reduzierung der verfügbaren Auslauffläche gehören, wenn die Sommerweiden für den Winter geschlossen sind und die Pferde auf einer kleineren Auslauffläche untergebracht werden, oder wenn die Sommerweide durch rationiertes Heu ersetzt wird, der Sozialpartner fortzieht oder das Pferd generell sehr wenig Sozialkontakt hat.

SENSORISCHE LATERALITÄT

Sozialverhalten tauschen Pferde bevorzugt links aus.

Sensorische Lateralität – der einseitige Gebrauch der Sinnesorgane

So wie Pferde eine körperliche Schiefe und eine motorische Lateralität zeigen, haben sie auch eine bevorzugte Seite, wenn es um den Gebrauch ihrer Sinne, um Sehen, Hören, Riechen und Tasten geht. Dies nennt man sensorische Lateralität.

Wie schon erwähnt verfügen Pferde, wie alle anderen höheren Säugetiere, über ein Faserbündel, welches die beiden Gehirnhälften verbindet, das sogenannte Corpus callosum. Es wurde jedoch angenommen, dass Informationen trotzdem nicht von einer Hälfte zur anderen übertragen werden. Jetzt wissen wir, dass das nicht stimmt – und wie das festgestellt wurde, ist interessant.

LINKS UND RECHTS LERNEN

1999 führte die amerikanische Forscherin Dr. Evelyn Hanggi ein Experiment durch. Sie brachte zwei Pferden bei, zwischen zwei Schwarz-Weiß-Mustern zu unterscheiden, wobei das Pferd dafür belohnt wurde, wenn es ein Muster berührte, beim anderen jedoch nicht. Die Pferde lernten die Aufgabe mit einem Auge, das andere wurde abgedeckt. Sollte also die Information tatsächlich nicht von einer Gehirnhälfte zur anderen übertragen werden, dann sollte auch nur eine Gehirnhälfte beim Lernen mit einem abgedeckten Auge die Unterscheidung der Muster gelernt haben. Mit dem beim Lernen verdeckten Auge sollte das Pferd die Muster nicht als „erwünscht“ oder „unerwünscht“ erkennen können.

Dann wurde das andere Auge abgedeckt und man stellte die Aufgabe erneut. Was meinen Sie passierte?

Ja wirklich, beide Pferde konnten immer noch konsequent das richtige Muster wählen. Dieser Nachweis einer Informationsübertragung zwischen den Gehirnhälften und beiden Augen bedeutete, dass die Theorie

der „unzureichenden Verbindungen" falsch ist. Die Entdeckung warf viele weitere Fragen auf hinsichtlich der Art und Weise, wie Pferde die von jedem Auge wahrgenommenen Informationen verarbeiten, z. B. wenn sie bei einem Slalom auf der einen Seite knapp an Pylonen vorbeigehen und ihnen auf der anderen Seite plötzlich ausweichen. Dieses Thema hat Forscher in den letzten Jahrzenten beschäftigt.

1 An Pylonen rechts geht das Pferd knapp vorbei.

2 Stehen sie links, hält das Pferd lieber Abstand.

Schon gewusst?

Pferde können Informationen von einem Auge zum anderen, von einer Gehirnhälfte auf die andere übertragen.

2

AUGEN UND GEHIRN

Die meisten Pferde haben in verschiedenen Situationen eine bevorzugte Seite für die Beobachtung von Menschen, unbekannte (und aus der Sicht des Pferdes möglicherweise gefährliche) Objekte und sogar andere Pferde. Es wurde vermutet, dass dies bei Beutetieren wie Pferden einen evolutionären Vorteil hat und sich entwickelte, um ihr Überleben zu sichern. Küken zum Beispiel picken Nahrung normalerweise mit dem rechten Auge zum Boden und dem linken Auge nach oben gerichtet. Das bedeutet, dass das rechte Auge für Nahaufnahmen und detaillierte Aufgaben verwendet wird, während das linke Auge dazu dient, nach Raubtieren Ausschau zu halten. Im Fall der Küken würde der Raubfeind mit ziemlicher Sicherheit von oben kommen.

Ähnliches sehen wir bei Pferden. Hier lauern die meisten Raubtiere allerdings am Boden. In einem Versuch wurde jedes Mitglied einer Pferdegruppe mit einem Regenschirm konfrontiert, der auf der linken Seite, auf der rechten Seite und direkt vor den Pferden aufsprang. Es überrascht nicht, dass sie erschraken und zurückschreckten,

1 Jungpferde haben ihre Mutter gerne links von sich.

2 Auch der Fotograf wird im linken Auge behalten!

1 Aus Gewohnheit satteln wir von links.

2 Probieren Sie es auch mal von rechts!

3 Zu Anfang mag dies für das Pferd ungewohnt sein …

1

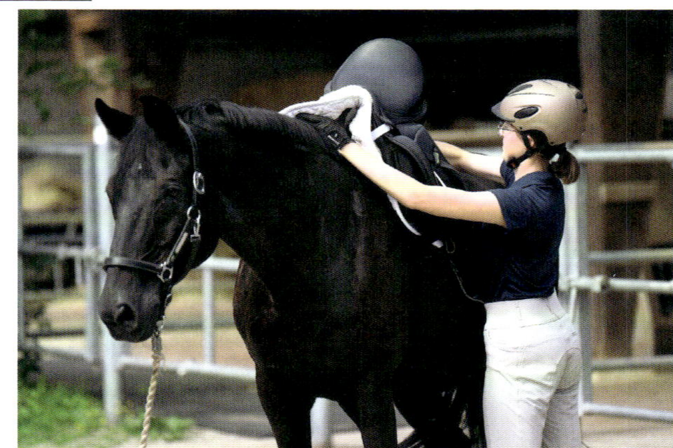

2

3

aber es war aufschlussreich, dass sie schneller reagierten und weiter rannten, wenn der Regenschirm auf der linken Seite präsentiert wurde.

Mit welcher Seite kontaktieren Pferde Menschen?

Pferde bevorzugen meist die linke Seite, wenn sie die Wahl haben, ob sie sich einer Person auf der linken oder rechten Seite nähern, sie passieren oder ihr folgen. Könnte es am Training liegen, denn vielleicht bevorzugen sie diese Seite, weil sie überwiegend von links gehandhabt werden? Allerdings ist die Linkspräferenz immer noch vorhanden, obwohl schwächer, wenn Pferde zweiseitig trainiert werden, also auf beiden Seiten gleich oder nahezu gleich.

Soziales wird im linken Auge behalten

In Australien wurde auch eine Linksseitigkeit für Wachsamkeitsverhalten und aggressives Verhalten zwischen wildlebenden Przewalski Pferden, verwilderten Pferden und bei einer Gruppe von Hauspferden beobachtet.

Forscher dokumentieren, dass auch freundliche Verhaltensweisen zwischen Pferden, wie etwa freundliche Annäherungen, nah beieinanderstehen, grasen, gegenseitige Fellpflege und Fliegenabwehren häufiger mit dem Partner auf der linken Seite vorkommen. Die Vorliebe für die linke Seite in sozialen Interaktionen ist bereits bei Fohlen zu beobachten: Sie ziehen es vor, ihre Mutter im linken Auge zu behalten. Stuten bevorzugen Interaktionen mit ihrem Fohlen auf der rechten Seite. Jetzt ergibt das langsam alles Sinn! Als entdeckt wurde, dass Pferde Personen auch lieber auf der linken Seite halten, sogar, wenn sie beidseitig trainiert werden, kam die Befürchtung auf, Pferde würden Menschen als gefährliche Raubtiere einschätzen. Alles deutet jedoch darauf hin, dass das linke Auge möglicherweise für Beobachtung und Dinge, auf die das Pferd schnell reagieren möchte, zustandig ist – einschließlich eines Sozialpartners und eines Gegners.

Schon gewusst?

Links ist die bevorzugte Seite sowohl für freundliche Begegnungen als auch für Herausforderungen zwischen Pferden sowie Pferden und Menschen.

Forschungen zeigen: Freundliche Fellpflege findet häufiger mit dem Partner auf der linken Seite statt.

Welches Ohr bewegt sich, welche Gehirnhälfte ist aktiv?

OHREN UND GEHIRN

Aus der Ferne werden auch Informationen über Sozialpartner einseitig aufgenommen. Spielte man Pferden Aufzeichnungen des Wieherns anderer Pferde vor, benutzten sie lieber ihr rechtes Ohr für das Wiehern eines Pferdes, das neben ihnen im Stall stand, aber das linke Ohr für das Wiehern eines Pferdes, das sie nicht kannten. In ähnlicher Weise wurden die Stimmen von Menschen, mit denen ein Pferd eine positive Assoziation hatte, mit dem rechten Ohr zur linken Gehirnhälfte weitergeleitet, während Stimmen von Menschen mit einer negativen Assoziation über das linke Ohr in der rechten Gehirnhälfte verarbeitet wurden. Da sich die Ohren des Pferdes jedoch sehr schnell bewegen und nahezu ständig in Bewegung sind, ist dies im alltäglichen Umgang meist nicht so leicht zu erkennen.

WENN DER SEITENVORZUG SICH ÄNDERT

Die vielleicht wichtigste Entdeckung der letzten Jahre ist, dass sich die sensorische Lateralität unter Stress verändert und sich normalerweise nach links verschiebt. Diese Veränderung kann sehr schnell erfolgen, ist häufig nur von kurzer Dauer und normalisiert sich innerhalb von Minuten oder Stunden nach Ende der Stresssituation. Dadurch wird diese Verschiebung im Alltag zu einem sehr wichtigen Faktor, denn die Kenntnis von der Veränderung der sensorischen Lateralität kann für die Sicherheit und das Wohlergehen von Pferd und Reiter von entscheidender Bedeutung sein. Wenn beispielsweise ein Pferd zögert, sich rechtsherum longieren zu lassen, kann dies zumindest teilweise eine Folge der motorischen Lateralität und/oder Schiefstellung sein. Es kann aber auch zum wesentlichen Teil mit der sensorischen Lateralität zusammenhängen. Um zu unterscheiden, ob die Ursache in der motorischen und sensorischen Lateralität liegt, muss man das Verhalten beobachten:

– Ist das Pferd bereit, nach rechts zu gehen, auf dieser Seite aber etwas steifer oder weniger koordiniert? In diesem Fall dürfte es sich um eine rein motorische Lateralität und/oder körperliche Schiefe handeln. Seien Sie nachsichtig, denn vielleicht fällt es dem Pferd körperlich schwer und es reagiert auf zu viel Nachdruck ängstlich und/oder aggressiv.

– Wird das Pferd aufgeregt, ängstlich oder sogar aggressiv, besonders wenn es erstmalig aufgefordert wird, nach rechts zu gehen? In diesem Fall kann die sensorische Lateralität beteiligt sein. Es ist wichtig zu erkennen, dass Stress die Ursache ist, das Pferd ist nicht ungezogen oder faul! Und wenn man dies versteht, kann man das Problem sicher und erfolgreich lösen.

1 Longieren auf der rechten Hand fällt vielen Pferden schwer.

2 Schon das Umschnallen für rechts löst Unmut aus.

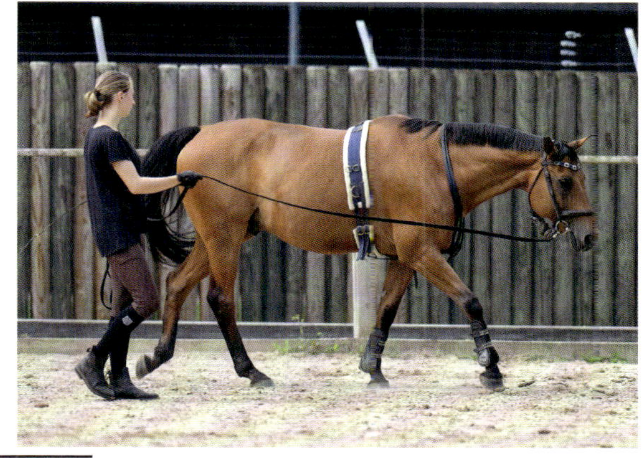

1

2

Die sensorische Lateralität testen

Körperliche Schiefe, motorische und sensorische Lateralität können sich zwar gegenseitig beeinflussen, müssen aber als eigenständige Faktoren betrachtet werden. Ein motorisch linksseitiges Pferd ist nicht automatisch auch sensorisch linksseitig. Daher müssen alle drei Parameter separat getestet werden. Die motorische Lateralität gibt einen Hinweis, ob unser Pferd Informationen eher über die rechte oder linke Gehirnhälfte verarbeitet. Lang anhaltender Stress führt dazu, Informationen eher in der linken Gehirnhälfte zu verarbeiten. Diese Pferde reagieren meist ängstlich und skeptisch. Die sensorische Lateralität gibt uns einen Hinweis, in welcher Gehirnhälfte die Information gerade verarbeitet wird, und erlaubt uns Rückschlüsse, wie das Pferd die Information verarbeitet und empfindet. Sie können die sensorische Einseitigkeit Ihres Pferdes selbst testen. Wenn Sie dies regelmäßig durchführen, wird es Ihnen bei der Einschätzung helfen.

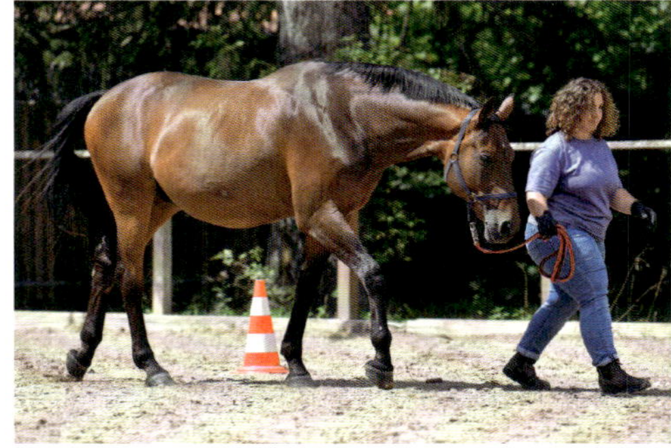

TEST 1: OBJEKTTEST

Dieser Test gilt dem Seitenvorzug für die Untersuchung unbekannter Objekte. Er ist leicht durchzuführen, beansprucht aber Ihre Kreativität in der Suche nach Objekten, die Ihr Pferd noch nicht kennt und an denen es sich nicht verletzen kann.

Was Sie brauchen

- **Ein eingezäuntes Versuchsareal mit ca. zehn Metern Raum vom Start bis zum Objekt und so wenig Ablenkungen wie möglich;**
- **Kreidespray oder Pylonen/Eimer, um die Startlinie zu markieren;**
- **sechs verschiedene Objekte, die dem Pferd unbekannt sind, z. B.: Fußball, Spielzeug, Fahne, Holz, Plane, Tonne, Regenschirm, Luftballon, Blume, Pappe, Futtersack, Reifen.**

Vorbereitungen und Ablauf

1.

Bereiten Sie Ihr Pferd auf den Versuch vor, indem Sie es im Versuchsareal herumführen, bis es sich eingewöhnt hat und ruhig bleibt.

2.

Platzieren Sie eines der unbekannten Objekte im Abstand von zehn Metern zur Startlinie.

3.

Führen Sie das Pferd zur Startlinie und stellen Sie sicher, dass es ruhig ist und in Richtung des Objekts blickt.

4.

Führen Sie das Pferd mit möglichst langem Führstrick an das Objekt heran, um den Einfluss des Halfters auf das Pferd zu minimieren. Der Strick sollte durchhängen. Bleiben Sie so weit wie möglich vom Pferd entfernt, um ihm freie Bewegung zu ermöglichen und es so wenig wie möglich in seiner Seitenwahl zu beeinflussen.

5.

Lassen Sie das Pferd sich dem Objekt nähern und es inspizieren. Notieren Sie die Seite des Auges, mit der das Pferd das Objekt zuerst untersucht. Erzwingen Sie die Annäherung nicht. Das Pferd soll das Objekt aus freien Stücken begutachten. Wenn es zögert, warten Sie. Versuchen Sie niemals, es zum Annähern zu zwingen. Geben Sie dem Pferd Zeit und Raum, um sich zu nähern und sich zurückzuziehen. Bauen Sie langsam Vertrauen zu den problematischen Objekten auf. Wenn das Pferd seine Wahl getroffen hat, führen Sie es weg und machen eine kleine Pause.

6.

Wiederholen Sie den Versuchsvorgang mit einem neuen Objekt, bis Sie mindestens sechs Beobachtungen haben.

Dieser Objekttest untersucht die Reaktion auf unbekannte oder unerwartete Situationen. Wenn das Pferd auf ein oder zwei Objekte sehr stark reagiert, aber nicht auf andere, könnte dies auch darauf hindeuten, dass es mit den anderen Objekten bereits vertraut war, sodass diese keinen Stress ausgelöst haben und das Pferd nicht in seinen „Instinktmodus" wechselte.

Berechnung des Lateralitätsindex

Berechnen Sie den Lateralitätsindex (LI) wieder nach Formel

LI = (R – L) / (R + L + B)

R = rechts, L = links, B = beidseitig

Auswertung: Was bedeutet das Testergebnis?

Wenn Sie die Reaktion Ihres Pferdes auf Objekte regelmäßig untersuchen, kennen Sie bald seine reguläre sensorische Lateralität.

Wenn das Pferd gleichseitig ist oder mäßig zwischen links- und rechtsseitig wechselt: Die meisten Pferde zeigen einen leichten Vorzug für die linken Sinnesorgane. Dies kann gelegentlich auch wechseln, was ganz normal und kein Anlass zur Sorge ist.

Wenn das Pferd etwas stärker rechtsseitig ist: Bei beidseitigem Training verschiebt sich der Vorzug gelegentlich zum rechten Auge. In der Regel wechseln diese Pferde später zu leicht links. Sie gehören zu den ausgeglichenen Partnern.

Wenn das Pferd stark rechtsseitig ist: Diese Pferde kommen extrem selten vor und gelten unter Ausbildern als sehr schwierig. Konsultieren Sie einen Ausbilder, der sich mit der Einseitigkeit der Pferde auskennt.

Wenn das Pferd etwas stärker linksseitig ist: Öfter sieht man im Training einen verstärkten Vorzug für die Begutachtung der Objekte von links. Dieser stärkere Vorzug für links kann kurzfristig durch eine vermehrte Beanspruchung verursacht werden. In diesem Fall würde er sich, wenn die Beanspruchung abklingt, in eine geringe und ganz normale linksseitige Lateralität einpendeln.
Es kann aber auch ein Hinweis auf ein eher emotionales und ängstliches Pferd sein, wenn es diese stärkere Linksseitigkeit in der sensorischen Lateralität in den meisten Situationen zeigt.

Wenn das Pferd stark linksseitig ist: Ein Index von weniger als –0,8 ist meist ein Zeichen dafür, dass das Pferd unter starkem Stress steht.

Änderungen der Einseitigkeit: Häufige Ursachen für Stress können sein: starke Schmerzen durch Verletzungen oder Krankheiten, kürzliche Veränderungen im Stall, ein Gruppenwechsel (oder der Beitritt eines neuen Mitglieds zur Gruppe), ein steigender Aggressionslevel in der Gruppe Änderungen im regulären Trainingsprogramm oder Veränderungen, die dazu führen, dass die Grundbedürfnisse des Pferdes nicht befriedigt werden. Dazu kann beispielsweise eine Reduzierung der verfügbaren Auslauffläche gehören, wenn das Futter rationiert wird, der Sozialpartner fortzieht oder das Pferd generell sehr wenig Sozialkontakt hat.

TEST 2: FÜHRTEST

Beim Führen Ihres Pferdes können Sie untersuchen, ob es entspannt und vertrauensvoll mit Ihnen geht oder gerade angespannt ist oder unter Stress steht. Machen Sie den Test zunächst wie unten beschrieben, eventuell auch mehrmals, um einen Eindruck über den regulären Seitenvorzug Ihres Pferdes beim Führen zu erhalten.

Sie können diesen Test später jedes Mal, wenn Sie das Pferd führen, in einer verkürzten Version durchführen, indem Sie ein- oder besser ein paarmal die Seite wechseln, von der aus Sie das Pferd führen. Geben Sie dem Pferd im Kopf Punkte für seine Willigkeit auf beiden Seiten. Dies kann eine hilfreiche Frühwarnung sein, wenn das Pferd aufgeregt oder gestresst ist.

Schon gewusst?

Achten Sie darauf, wie Ihr Pferd seine sensorische Lateralität in Alltagssituationen ausdrückt, und versuchen Sie, etwaige Veränderungen zu verstehen. Dies hilft Ihnen, in unterschiedlichen Situationen angemessen und sicher zu reagieren.

Was Sie brauchen

- Ein eingezäuntes Versuchsareal, auf dem Sie Ihr Pferd gefahrlos im Schritt und Trab in alle Richtungen führen können. Der Boden sollte eben und rutschfest sein;
- ein Halfter mit Strick oder besser noch einen Kappzaum mit Führleine oder eine Trense mit Zügeln.

Vorbereitung und Ablauf

1.

Führen Sie Ihr Pferd etwa eine Minute lang von links, mit Wendungen, Stopps und einem kurzen Trab. Bewerten Sie anhand der Skala (Seite 56/57), wie gut sich Ihr Pferd führen lässt. Wenn es einen Grund gibt, warum Ihr Pferd nicht traben sollte, beispielsweise während der Genesung nach einer Verletzung, machen Sie den Test im Schritt.

2.

Führen Sie Ihr Pferd etwa eine Minute lang von rechts wie oben beschrieben. Bewerten Sie, wie gut es sich an dieser Seite führen lässt.

3.

Vergleichen Sie die beiden Ergebnisse.

Bewertung der sensorischen Lateralität beim Führtest

Wenn Ihr Pferd entspannt ist und keinerlei Stress hat, geht es beim Führen ruhig und rhythmisch mit Ihnen, wobei es den Kopf etwa auf Widerristhöhe oder etwas tiefer trägt. Es sollte in der Lage sein, einen guten, sicheren Abstand zu Ihnen zu wahren. Normalerweise ist etwa ein Meter am besten, für ein sehr großes Pferd etwas mehr, bei beengten Platzverhältnissen weniger. Kommt Ihr Pferd näher, bitten Sie es, sich von Ihnen zu entfernen. Nicht Sie entfernen sich vom Pferd, um mehr Platz zu schaffen, es sei denn, Sie befinden sich in einer gefährlichen Situation!
Der Gesichtsausdruck Ihres Pferdes sollte sanft und entspannt sein, mit wechselndem aufmerksamen Ohrenspiel, die Ohren leicht nach vorn gerichtet oder sich im Rhythmus der Schritte bewegend. Der Führstrick sollte locker durchhängen und das Pferd sollte sich weder hinterherziehen lassen noch von Ihnen wegziehen, Sie über den Haufen rennen, Sie verdrängen oder vor Ihnen laufen. Es sollte willig mitgehen und auf Verlangen wenden, antraben und anhalten.

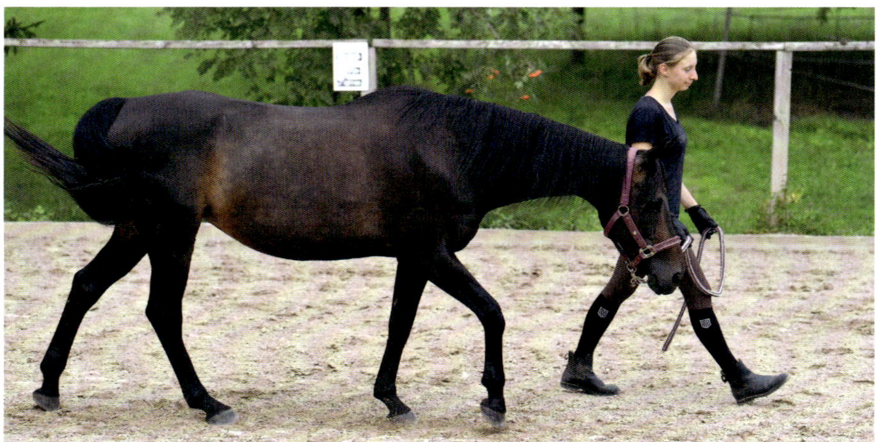

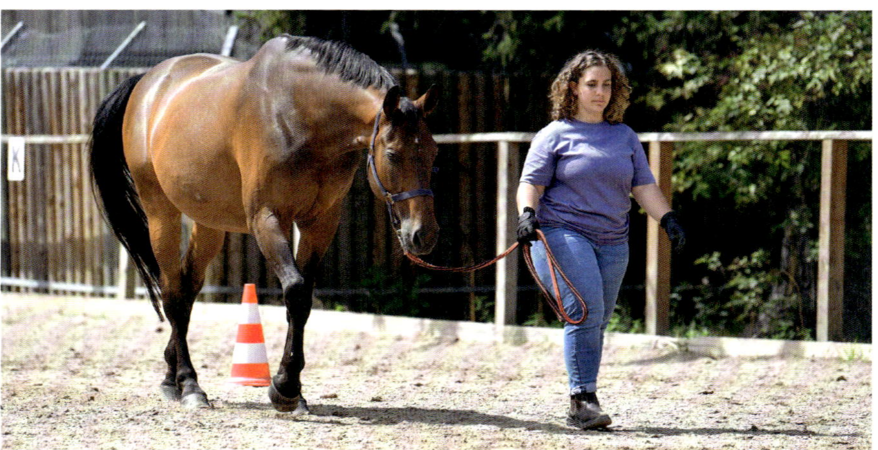

Ergebnis

Höchstpunktzahl 10 Punkte: Ein Mitgehen beim Führen, wie es links beschrieben wurde, ergibt eine „perfekte 10“. Abweichungen hiervon führen zu Notenverlust.

Wenn Sie zum Beispiel am Strick ziehen müssen, um eine Kurve zu machen und das Pferd beim Traben vor Ihnen herläuft, ziehen Sie 2 Punkte ab und es hat 8 von 10 erreicht. Wenn es vor Ihnen rennt und das Seil stramm wird, ziehen Sie einen weiteren Punkt ab und es wird 7/10 gewertet.

Abzüge gibt es auch für: angelegte Ohren; Kopfschütteln; die führende Person wegdrängen, Drohungen zu zwicken, beißen oder treten; zwicken, beißen oder treten; Weigerungen sich zu bewegen; stehen bleiben und grasen; Widerstand beim Antraben; am Strick ziehen; selbständig die Richtung oder das Tempo wechseln.

Auswertung: Was bedeutet das Testergebnis?

Wenn Sie den Führtest durchgeführt haben, kennen Sie bald die reguläre sensorische Lateralität Ihres Pferdes im Kontakt mit Menschen. Sie können dann beurteilen, ob es in „schwierigen" Situationen davon abweicht. Hat es Angst oder Stress, so verschiebt sich seine reguläre sensorische Lateralität spontan nach links. Es benötigt seine linken Sinnesorgane.

Wenn das Pferd gleichseitig ist oder mäßig zwischen links- und rechtsseitig wechselt: Bei den meisten Pferden werden Sie auf der linken Seite eine etwas bessere Punktzahl finden, bei einigen auf der rechten Seite. Das ist normal und kein Grund zur Sorge. Möglicherweise ändert sich aber auch der Seitenvorzug Ihres Pferdes beim Führen täglich. Dies kann Ihnen wertvollen Aufschluss über seine Tagesverfassung geben.

Wenn das Pferd etwas stärker rechtsseitig ist: Bei einem Unterschied von drei oder mehr Punkten, wobei die rechte Seite besser abschneidet, kann es vorkommen, dass Ihr Pferd unvorhersehbares Verhalten zeigt, insbesondere, wenn sich dieser Unterschied unter Stress vergrößert. Stress und Aufregung führen normalerweise zu einer Verschiebung nach links und nicht nach rechts.

Wenn das Pferd stark rechtsseitig ist: Diese Pferde kommen extrem selten vor. Sie werden große Schwierigkeiten haben, diese Pferde selbst in Alltagssituationen zu führen. Konsultieren Sie einen Ausbilder, der sich mit der Einseitigkeit der Pferde gut auskennt.

Wenn das Pferd etwas stärker linksseitig ist: Wenn zwischen links und rechts ein Unterschied von 3 oder mehr Punkten besteht, wobei links besser ist als rechts (z. B. 8/10 links, 5/10 rechts), ist dies ein Zeichen dafür, dass Ihr Pferd möglicherweise etwas unter Stress steht. Dies ist oft eine sehr kurzfristige Situation und kann durch Bedingungen wie stürmisches Wetter, unerwartete Geräusche, aufgeregte andere Pferde in der Nähe usw. verursacht werden.

Wenn das Pferd stark linksseitig ist: Wenn Ihr Pferd sich ausschließlich links führen lässt, steht es unter Stress. Auf Seite 53 haben wir Ihnen bereits die häufigen Ursachen von Stress aufgeführt. Wiederholen Sie den Test später und sehen Sie, ob sich ein starker Vorzug, sich links führen zu lassen, verbessert. Wenn nicht, deutet dies auf einen längerfristigen Stress hin. Liegt die Stressursache in der Haltung, muss hier angesetzt werden! Befindet sich das Pferd hingegen nur bei der Zusammenarbeit mit dem Menschen im Stress, kann ein vertrauensvolles bilaterales Training normalerweise dem Pferd dabei helfen, sich zu beruhigen und Sie auf beiden Seiten gleichberechtigter zu akzeptieren. Bei großen Unterschieden zwischen links und rechts kann es ratsam sein, die Hilfe eines auf Verhaltensprobleme spezialisierten Ausbilders in Anspruch zu nehmen, wenn die Stressursache nicht in der Haltung zu finden ist.

Beobachtungen im Alltag

Sie können die sensorische Lateralität täglich überprüfen und Änderungen vermerken. Wenn Sie Ihr Pferd von der Weide holen oder aus der Box führen und Sie es normalerweise an seiner linken Seite führen, dann beginnen Sie auf dieser Seite und laden es dann ein, sich an seiner rechten Seite führen zu lassen. (Wenn Sie normalerweise rechts führen, beginnen Sie rechts und wechseln nach links.) Bewegt sich das Pferd ruhig und bereitwillig in die neue Position, ist alles in Ordnung. Wenn es verunsichert ist und versucht, wieder auf die gewohnte Seite zu wechseln, kann das ein Zeichen für leichten Stress sein. Weigert es sich komplett, sich auf der neuen Seite (meist rechts) führen zu lassen, ist das ein Zeichen für einen hohen akuten Stress.

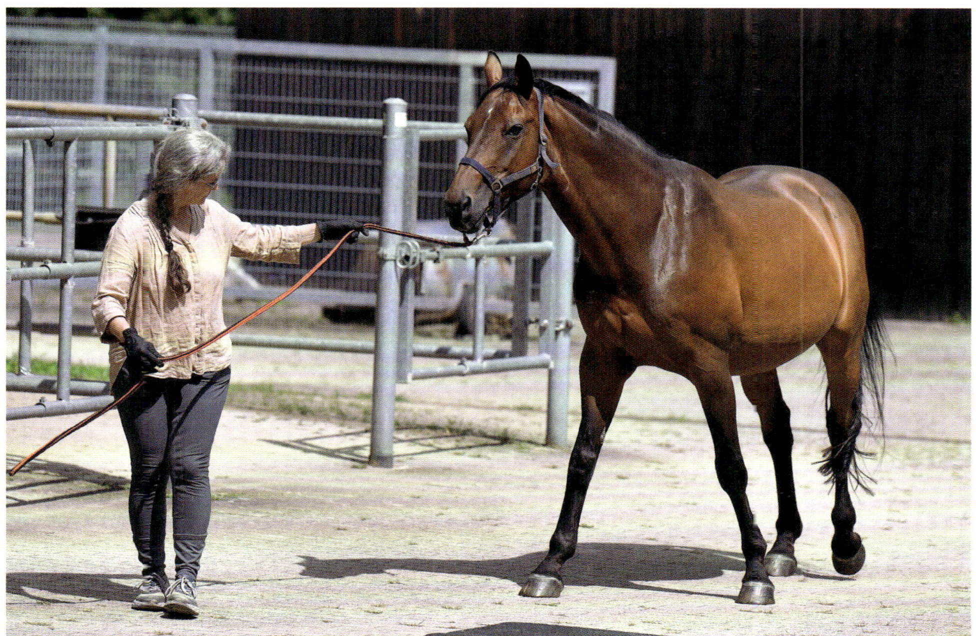

Normalerweise ist eine plötzliche Verschiebung der sensorischen Lateralität nach links eine Reaktion auf einen kurzfristigen Stressfaktor, der so einfach sein kann wie eine im Wind wehende Plastiktüte. Diese Stressreaktion verschwindet sehr schnell, sobald das Pferd beginnt, sich zu entspannen. Das ist normal und kein Grund zur Sorge. Ist die sensorische Linksseitigkeit jedoch ein dauerhafter Zustand oder kommt dies häufig und ohne ersichtlichen Grund vor, ist es besorgniserregend und Sie sollten einen auf Pferdeverhalten spezialisierten Trainer konsultieren.

Achten Sie darauf, wie Ihr Pferd seine sensorische Lateralität in Alltagssituationen ausdrückt, und versuchen Sie etwaige Veränderungen zu verstehen. Dies hilft Ihnen, in unterschiedlichen Situationen angemessen und sicher zu reagieren.

TEAMARBEIT

Pferdegruppen gemeinsam zu beobachten, macht viel Spaß.

Lateralitätstests für Pferdegruppen

Zusätzlich zum Testen Ihres eigenen Pferdes kann es faszinierend und aufschlussreich sein, zu beobachten, wie die Einseitigkeit über eine Gruppe von Pferden verteilt ist. Das gibt uns die Chance, zu erkennen, wie Pferde sich zu ihren Kumpanen verhalten.

Moderne Gruppenhaltungssysteme werden immer beliebter. Doch jede Gruppenhaltung ist nur so gut wie ihr Management. Es lohnt sich also gelegentlich, die Pferde nach ihrer Meinung zum neu konzipierten Stall zu fragen. Und das können Sie tun, indem Sie unter anderem die Lateralität der Pferde in der Gruppenhaltung beobachten.

Verhalten sich beispielsweise bezogen auf die sensorische Lateralität an einem Tag plötzlich mehr Pferde als üblich linksseitig, kann das ein Hinweis darauf sein, dass sich akut etwas ereignete, dass die Pferde in Stress versetzt. War es vielleicht ein Sturm der vergangenen Nacht? Ein neues Gruppenmitglied? Oder ein fehlendes Gruppenmitglied, das auf einem Turnier, einem Kurs ist?

Verändert sich hingegen die motorische Lateralität bei einem Großteil der Gruppenmitglieder vermehrt zur linken Seite, ist dies ein Hinweis auf lang anhaltenden Stress. Gibt es ein ständiges Kommen und Gehen von Pferden, sodass sich kein stabiles Sozialgefüge in der Gruppe etablieren kann? Wird das Futter rationiert und es gibt mehr Rangkämpfe beim Fressen? Kommen manche Pferde nicht zum Schlafen? Werden immer mehr Pferde in das Offenstallhaltungssystem gestellt und der Platz ist dafür nicht ausreichend?

Die Veränderung der Lateralität in dem Großteil der Pferdegruppe kann Ihnen sagen, dass etwas nicht stimmt. Den genauen Ursachen müssen Sie selbst auf den Grund gehen und sie entsprechend abstellen.

Erklären Sie den Besitzern der Pferde Ihr Vorhaben. Vielleicht finden diese das ebenso spannend und machen sogar mit.

VORÜBERLEGUNGEN

Zuerst entscheiden Sie, welche Beobachtungen/Tests Sie in welcher Häufigkeit und an wie vielen Tagen durchführen möchten. Hinweise dafür stehen in der Beschreibung der Tests. Schreiben Sie eine kurze Zusammenfassung darüber, was Sie vorhaben und wann Sie dies tun möchten. Diese schicken Sie dem Stallbesitzer und anderen Pferdebesitzern zur Zustimmung. Dadurch können Sie Ihre Beobachtungszeiten so koordinieren, dass die Gruppe in dieser Zeit möglichst wenig gestört wird. Es gibt nichts Frustrierenderes, als alle Vorbereitungen für eine Beobachtungssitzung zu treffen, und plötzlich wird aus der Zehner-Gruppe eine Fünfer-Gruppe, weil die Besitzer gerade reiten wollen.

Bei Gruppenbeobachtungen ist es am besten, zwei Formen der Aufzeichnung zu haben: auf Papier und auf Video. Die Kameraaufzeichnungen können Ihre schriftlichen Aufzeichnungen unterstützen. Ideal ist es, zu zweit zu arbeiten, sodass einer filmen und einer schreiben kann.

Beobachtungsort

Als Letztes wählen Sie Ihren Beobachtungspunkt. Sie möchten nah genug sein, um zu sehen, was passiert, aber nicht so nah, dass die Pferde abgelenkt werden. Wenn Sie sich auf der Weide oder auf der Koppel befinden, werden die Pferde möglicherweise auf Sie zukommen. Wenn Sie jedoch keine Leckerlis anbieten und sie ignorieren, werden sie in der Regel nach

DATENBLÄTTER VORBEREITEN

Machen Sie ein Raster mit dem Namen jedes Pferdes (und einer kurzen Beschreibung seines Aussehens, falls Sie es noch nicht kennen) und Feldern, in die Sie jeweils L (links), R (rechts) oder B (beidseitig) eintragen können. Wenn ein Festhalten auf Papier nicht möglich ist (z. B. bei schlechtem Wetter), können Sie auch eine Audioaufnahme machen und diese später auf Papier übertragen.

ein paar Minuten wieder grasen oder ruhig stehen. Sie können diese Zeit nutzen, um Ihr Aufnahmegerät einzurichten, sich „einzuleben" und zu üben, alle Pferde sicher identifizieren zu können.

Testbeginn

Beginnen Sie nicht mit der Aufnahme, bis alle Pferde sich beruhigt haben und Ihre Anwesenheit ignorieren. Sie müssen sich mit ziemlicher Sicherheit bewegen, um die beste Sicht für genaue Aufnahmen zu erhalten. Versuchen Sie dies so zu tun, dass die Pferde nicht abgelenkt oder gestört werden. Wenn sie sich Ihnen nähern oder sich von Ihnen entfernen, müssen Sie diese Beobachtung möglicherweise später wiederholen.

Sie brauchen eine gute Planung, wenn Sie viele Pferde beobachten.

Motorische Lateralität in der Gruppe

WEIDESCHRITTSTELLUNG

Vorbereitungen und Ablauf

1.

Um die motorische Lateralität in der Gruppe zu bestimmen, beobachten Sie wieder die Weideschrittstellung. Das können Sie identisch zu den Einzelbeobachtungen für alle Mitglieder einer Gruppe durchführen (s. Seite 38).

2.

Bevor Sie die Pferde auf der Weide beobachten, erfragen Sie deren Vorgeschichte. Wenn die Pferde in der Vergangenheit starken Stress erfahren haben, kann ihre motorische Lateralität noch immer nach links verschoben sein, obwohl sie sich in der neuen Haltung bereits rundum wohlfühlen.

Ergebnis

Wenn Sie die Weideschrittstellung in der Gruppe regelmäßig untersuchen, kennen Sie bald die reguläre motorische Lateralität der ganzen Gruppe und können analysieren, ob sich die Lebenssituation für die ganze Gruppe über längere Zeit verändert, z. B. wenn Sie die Pferde von der freizügigen Sommerweide auf einen begrenzten Winterpaddock umstellen. Falls Sie sichergehen wollen, dass die Auswirkung z. B. der Haltungsumstellung bestehen bleibt, dann wiederholen Sie die Beobachtung ein- oder zweimal nach je einer Woche und vergleichen Sie die Werte nach der Umstellung mit den Werten der Ausgangssituation.

Auswertung: Was bedeutet das Testergebnis?

Wenn die Pferde gleichseitig sind oder mäßig zwischen links- und rechtsseitig wechseln: Über eine ganze Gruppe gesehen sollten glückliche und gleichseitig trainierte Pferde eine gleichmäßige Verteilung der motorischen Lateralität aufweisen, zwischen mäßig links über ausgeglichen bis mäßig rechts.

Studien an lebenden Wildpferden haben gezeigt, dass in diesem Test etwa 45 % der Pferde rechtsseitig, 45 % linksseitig und 10 % beidseitig waren. Der Anteil linksseitiger Pferde in Hausgruppen kann höher sein. Da die meisten Hausgruppen relativ klein sind (bis zu etwa 12 Pferde), gibt es eine große Fehlertoleranz. Lateralitätsindex-Werte, die etwas vom Durchschnitt abweichen, sind kein Grund zur Sorge, vorausgesetzt, die meisten liegen im Bereich zwischen 0,8 und −0,8.

Wenn die Pferde stark linksseitig werden: Wenn der Durchschnittswert der Lateralität für die Gruppe sich über längere Zeit nach links verschiebt, dann stimmt möglicherweise etwas mit der Haltung nicht. Eventuell merken Sie schon länger, dass das Aufmerksamkeitsniveau der meisten Pferde erhöht ist und sie ängstlicher und fluchtbereiter sind. Ursachen für Stress können Krankheiten sein, die die ganze Gruppe betreffen, ebenso Veränderungen im Stall, in der täglichen Pflege und im regulären Trainingsprogramm. Meist erfahren Pferde auf der Weide jedoch Stress durch eine Veränderung in der Erfüllung ihrer Grundbedürfnisse: Die Weide kann abgegrast sein, der Aggressionslevel in der Gruppe kann durch verminderten Platz ansteigen oder die Gruppe kann instabil werden, wenn neue Mitglieder hinzukommen oder Sozialpartner rausgenommen werden.

Sensorische Lateralität in der Gruppe

TEST 1:
EINSEITIGKEIT IM FREUNDLICHEN SOZIALKONTAKT

Freundliches Sozialverhalten wird üblicherweise als Annäherung, Nähe (Pferde stehen mindestens 30 Sekunden lang in einem Abstand von weniger als zwei Metern voneinander) und gegenseitige Fellpflege definiert. Wenn sich ein Pferd einem anderen nähert und das zweite Pferd mehr als zwei Meter zurückweicht, wegläuft oder versucht, das herannahende Pferd zu verjagen, gilt dies als aggressive Interaktion und sollte nicht aufgezeichnet werden. Manche Pferde sind kontaktfreudiger als andere, was normalerweise über einen längeren Zeitraum und nicht über eine bestimmte Anzahl von Interaktionen festgestellt werden kann.

Vorbereitungen und Ablauf

1.

Planen Sie Ihre Beobachtungszeiten. Idealerweise verbringen Sie 8 Stunden mit der Beobachtung von Gruppen mit bis zu 6 Pferden, 10 Stunden bei 7 bis 10 Pferden und 12 Stunden bei 11 oder mehr Pferden. Teilen Sie diese Stunden in Blöcke auf. Forscher nutzen in der Regel Blöcke von etwa zwei Stunden, dies kann jedoch je nach verfügbarer Zeit und praktischen Aspekten flexibel gestaltet werden. Versuchen Sie, die Beobachtungsblöcke auf verschiedene Tageszeiten und mindestens drei verschiedene Tage zu verteilen.

2.

Notieren Sie Ihre Beobachtungen zur freundlichen Annäherung, gemeinsamer Nähe oder gemeinsamer Fellpflege pro Pferdepaar.

3.

Berechnen Sie für jedes Pferd die Gesamtzahl der linksseitigen Interaktionen und die Gesamtzahl der rechtsseitigen Interaktionen sowie den Lateralitätsindex mit der üblichen Formel: LI = (R – L) / (R + L + B).

TEST 2:

EINSEITIGKEIT IM AGGRESSIVEN SOZIALKONTAKT

Unter „aggressivem Verhalten" versteht man in der Regel kontaktlose Aggressionen, die durch Drohungen mit dem Kopf oder der Hinterhand ausgedrückt werden, sowie körperliche Aggressionen wie Bisse, Tritte, Verfolgungsjagden oder Angriffe.

Vorbereitungen und Ablauf

Das Verfahren zum Beobachten dieser Verhaltensweisen ähnelt dem für freundliches Verhalten, aber seien Sie beim Beobachtungsort vorsichtig. Während Sie eine klare Sicht haben möchten, sollten Sie sich keinem Pferd nähern oder sich in dessen Nähe aufhalten, das aggressives Verhalten zeigt. Ihre Videoaufzeichnung dokumentieren, was passiert ist, ohne dass Sie selbst zu nah dran sind. Stellen Sie immer Ihre eigene Sicherheit und die Ihrer Helfer an die erste Stelle.

Gesamtergebnis

Wenn Sie den Seitenvorzug in den aggressiven und freundlichen Verhaltensweisen in der Gruppe regelmäßig untersuchen, kennen Sie die alltägliche sensorische Lateralität der ganzen Gruppe.

Auswertung: Was bedeutet das Testergebnis?

Wenn die Pferde gleichseitig oder mäßig linksseitig sind: Aktuelle Forschungsergebnisse deuten darauf hin, dass für soziale Interaktionen im Allgemeinen eine Präferenz von etwa 55 bis 60 % für die linke Seite besteht, dies kann von Gruppe zu Gruppe etwas variieren.

Entdecken Sie den Forscher in sich

Wie verändert sich die Lateralität in der Gruppe? Aktuelle Forschung zeigt, dass bei Verringerung des Platz- und Futterangebots die Aggressivität in der Gruppe steigt. Bei Trennungen von ihren Kumpels werden Pferde angespannt und ängstlich. Es ist zu vermuten, dass aggressive und freundliche Verhaltensweisen bei solchen Verschlechterungen der Lebenssituation zunehmend linksseitiger werden – am Anfang durch eine verstärkte sensorische Lateralität, bei längerem Bestehen der Veränderung durch eine verstärkte motorische Lateralität. Forschungen hierzu gibt es jedoch keine, aber vielleicht können Sie herausfinden, wie es sich in Ihren Gruppen verhält?

1

2

1 Notieren Sie körperliche Aggressionen, wie z. B. einen Biss.

2 Aggressives Verhalten kann mit und ohne Kontakt stattfinden.

IST MEIN PFERD EIN OPTIMIST?

OPTIMIST ODER PESSIMIST

Erwartet Ihr Pferd eher etwas Positives oder Negatives?

Jeder sieht die Welt auf seine Art

Die berühmte Frage nach dem halb vollen oder halb leeren Glas ist Ihnen sicherlich bekannt. Der Pessimist betrachtet das zur Hälfte gefüllte Glas als halb leer, während der Optimist es als halb voll ansieht. Kann man bei Pferden solche unterschiedlichen Einstellungen ebenfalls beobachten?

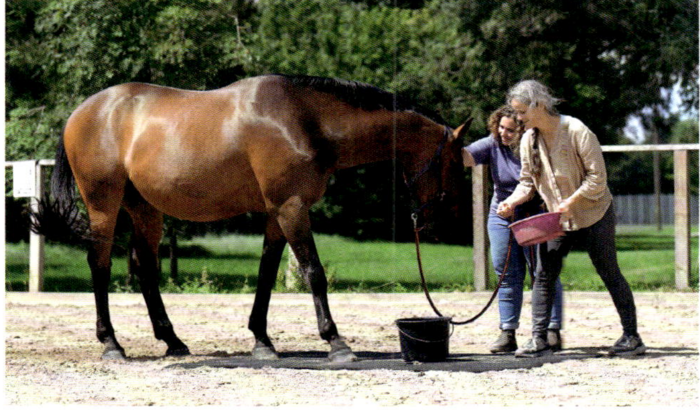

Hier ist Überredungskunst gefragt, damit das Pferd die schwarze Matte betritt.

Die Grundhaltung eines pessimistischen Menschen ist weniger positiv und zeichnet sich durch reduzierte Hoffnung und Erwartung aus. Er fürchtet und rechnet eher mit negativen Konsequenzen als Reaktion auf sein Handeln. Die Grundhaltung des optimistischen Menschen dagegen ist sehr positiv und von Hoffnung, Zuversicht und einer Lebensbejahung geprägt. Rückschläge betrachtet er nur als vorübergehend und findet oftmals etwas Gutes darin.

Auch im Tierreich gibt es Individuen, die, salopp formuliert, als Pessimisten oder Optimisten bezeichnet werden können. Grundsätzlich ist dabei zu beachten, dass Tiere kein so starkes und ausgeprägtes, vorausschauendendes Denkmuster haben wie wir Menschen. Sie leben mehr im Hier und Jetzt, als wir es tun. Und dennoch unterscheiden sich Tiere darin, ob sie eine neue Person, ein neues Gruppenmitglied, ein neues Objekt (wie etwa einen neuen Futterautomaten) oder eine neue Situation (beispielsweise eine neue Route beim Ausritt) als eher positiv oder negativ ansehen. Je nach Einschätzung werden sie das Neue untersuchen oder es meiden.

1

1 Erfahrungen im Fohlenalter prägen die zukünftigen Erwartungen des Pferdes.

2 In einem guten Umfeld werden beide Gehirnhälften aktiviert.

3 Ist der Kontakt mit dem Menschen positiv, erwartet das Pferd auch später eher Gutes.

2

WIE WIRD EIN PFERD OPTIMIST?

Besonders während der Entwicklung und Reifung des Gehirns, also im Fohlen- und Jungpferdealter, können starke oder länger anhaltende emotionale Erfahrungen die Aktivierung einer Gehirnhälfte verursachen. Bleibt diese Aktivierung länger bestehen, kommt es zu einer dauerhaften Veränderung in der Vorliebe zur Aufnahme und Verarbeitung von Informationen in der jeweiligen Gehirnhälfte.

Negative Erfahrungen

Angst, Schmerzen oder Trauer, zum Beispiel ausgelöst durch eine zu frühe Trennung von der Mutter, eine soziale Isolierung in Einzelaufzucht, unausweichliche Attacken anderer Pferde oder Personen, die ständig, für das Pferd ohne ersichtlichen Grund, Strafen verteilen, sind negative Erfahrungen für ein Pferd. Sie aktivieren die rechte Gehirnhälfte und führen zu einem dauerhaften Vorzug für den Gebrauch der linken Augen und Ohren sowie der linken Gliedmaßen.

Schon gewusst?

Die Verzerrung der Wahrnehmung ins Pessimistische oder Optimistische wird als „Cognitive Bias" (kognitive Verzerrung) bezeichnet.

Positive Erfahrungen

Auch der Kontakt zum Menschen sollte regelmäßig und rechtzeitig erfolgen. Und dabei sollen Fohlen vorrangig positive Erfahrungen machen. Hat das junge Pferd ein gutes Leben, ist gesund, bei seiner Mutter, seinen Kumpels, hat genug zu fressen und genug Platz, um Konfrontationen auszuweichen, dann werden beide Gehirnhälften gleichermaßen aktiviert. Diese Pferde verwenden sowohl die rechten als auch linken Augen und Ohren, sowie die rechten und linken Gliedmaßen.

Frühe Erlebnisse prägen

Macht das Fohlen oder Jungpferd vorrangig negative Erfahrungen, steigt die Wahrscheinlichkeit, dass es auch zukünftig neutrale Situationen eher negativ einschätzt und Schlimmes erwartet. Macht es vermehrt positive Erfahrungen, steigt die Wahrscheinlichkeit, dass es auch zukünftig neutrale Situationen eher positiv einschätzt und Gutes erwartet.

Das heißt, früh erfahrene, stark emotionale Erlebnisse sind auch im späteren Leben noch wirksam. Sie beeinflussen die Art der Wahrnehmung, die

Aufmerksamkeit, das Gedächtnis und das Denken in gleicher Weise, wie es auch bei anderen Säugetieren und Menschen der Fall ist. Es kommt zu einer Verzerrung der Wahrnehmung und Informationsverarbeitung ins vermehrt Positive bei Optimisten oder Negative bei Pessimisten.

Es entscheidet sich also bereits in jungen Jahren, ob ein Pferd Optimist oder Pessimist wird. Daher ist es wichtig, dass unsere Fohlen und Jungpferde artgerecht aufwachsen: mit viel Auslauf und Sozialpartnern unterschiedlichen Alters, ausreichend Versorgung mit Wasser und Futter

1

2

1 Spielerisches Training erlebt das Pferd als positiv.

2 Durch viel Lob kann ein Pferd auch zunehmend optimistischer werden.

WORAN ERKENNT MAN PESSIMISTEN UND OPTIMISTEN?

	Pessimisten	Optimisten
Informations-verarbeitung	Vermehrt in der rechten Gehirnhälfte	Vermehrt in der linken Gehirnhälfte
Startbeinpräferenz	Linkes Vorderbein	Rechtes Vorderbein
Lateralitätsindex	Zunehmend negativ	Vermehrt positiv
Grundeinstellung gegenüber der Umwelt	Eher negativ	Eher positiv
Verhaltenseigenschaft	Vermehrt Rückzugs-verhalten	Oft Annäherungs-verhalten

sowie Licht und frischer Luft. Die Arbeit mit jungen Pferden sollte stets altersgerecht, mit Spiel und Spaß sowie vorrangig mit Lob verbunden sein. Nur dann wird das Pferd auch die Arbeit mit dem Menschen als positiv erleben und zukünftig wesentlich wahrscheinlicher neuen Dingen, die der Mensch mit ihm erarbeitet, positiv gegenüberstehen. So schaffen wir eine perfekte Grundvoraussetzung für einen zuverlässigen Partner, sowohl für die Freizeit als auch auf dem Turnier, und für eine gute mentale Gesundheit.

Vom Pessimist zum Optimist

Aber auch bei ausgewachsenen Pferden gilt: Pferde, die unter guten Bedingungen leben, können zu Optimisten werden. In einer Studie wurden erwachsene Pferde optimistischer, als sie von einer ausschließlichen Einzelboxenhaltung in eine Gruppenhaltung mit Weidegang zurückkehrten.

PESSIMISTEN, OPTIMISTEN, EINSEITIGKEIT

Dem aktuellen Forschungsstand nach gibt es einen Zusammenhang mit der motorischen Lateralität.
Bei Pferden, die aus dem Stand bevorzugt mit dem rechten Vorderbein in die Bewegung starten, ist nicht nur die linke Gehirnhälfte aktiv, sie zeigen sich auch als Optimisten. Diese Pferde schätzten in einer Studie eine neutrale Situation als eher positiv ein. Wir würden sagen, dass sie das Glas als halb voll ansehen. Anders ist es bei Pferden, die aus dem Stand bevorzugt mit dem linken Vorderbein in die Bewegung starten: Es ist nicht nur ein Hinweis, dass die rechte Gehirnhälfte aktiv ist, in der vor allem die negativen Emotionen verarbeitet werden, sondern auch darauf, dass sie eher pessimistisch veranlagt sind. Eine neutrale Situation schätzen sie in besagter Studie eher negativ ein. Sie sehen das Glas als halb leer an.

Die Erfüllung aller Grundbedürfnisse ist das A und O, nicht nur für ein körperlich, sondern auch für ein mental gesundes Pferd.

Ist Ihr Pferd ein Optimist?

Wenn Sie wissen möchten, ob Ihr Pferd eher ein Optimist oder ein Pessimist ist, prüfen Sie seine Startbeinpräferenz. Sie untersuchen also, mit welchem Bein Ihr Pferd aus der stehenden Position am häufigsten losläuft und können daraus ableiten, welche Einstellung es hat.

TEST 1: STARTBEINPRÄFERENZ

Wenn Sie die Startbeinpräferenz Ihres Pferdes testen wollen, ist es wichtig, dass das Pferd beim Antreten aus freiem Willen heraus losgeht, denn ein Zug am Strick könnte das Pferd in seiner Balance stören und somit die eigentlich motorische Lateralität verdecken. Bei besonders stark einseitigen Pferden ist sogar zu beobachten, dass sie mit dem bevorzugten Bein selbst dann antreten, wenn dieses ein Stück weiter vorn steht. Solche Pferde machen zuerst einen sehr kleinen Schritt mit dem vorn stehenden bevorzugten Bein (manchmal auch nur ein kurzes Anheben und Absetzen), bevor sie das andere Bein im zweiten Schritt nach vorn setzen.

Vorbereitungen und Ablauf

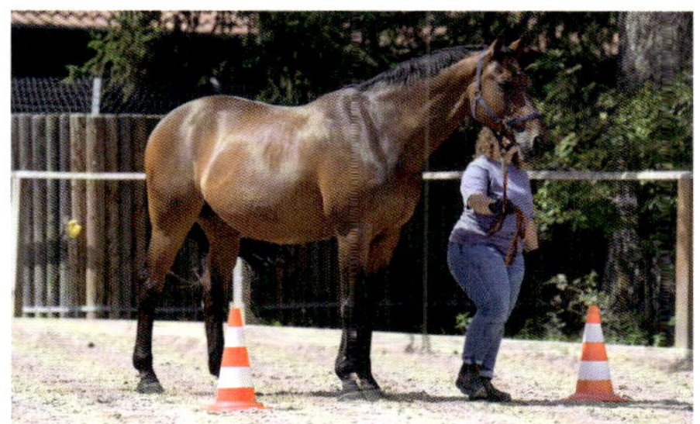

1.

Markieren Sie eine Startposition mit Kreidespray, Pylonen oder Ähnlichem.
Stellen Sie das Pferd direkt vor die Markierung und warten Sie, bis es entspannt und annähernd geschlossen steht. Berühren Sie das Pferd nicht, der Strick sollte durchhängen.

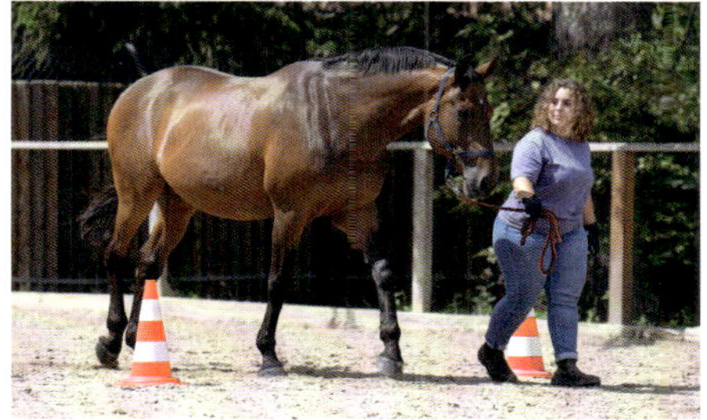

2.

Erlauben Sie dem Pferd, sich vorwärts zu bewegen. Notieren Sie, welches Vorderbein das Pferd zuerst bewegt. Wiederholen Sie diesen Vorgang mindestens zehnmal.
Wiederholen Sie den Test nach einiger Zeit. Nur wenn der Vorzug für ein Vorderbein über längere Zeit gleich bleibt, kann man sagen, dass Ihr Pferd pessimistisch oder optimistisch ist.

Berechnung des Lateralitätsindex

Wenn Sie einen Test abgeschlossen haben, können Sie den Lateralitätsindex berechnen. Gehen Sie vor, wie schon gewohnt:

LI = (R – L) / (R + L)

Auswertung: Was bedeutet das Testergebnis?

Wenn das Pferd rechtsseitig ist: Ein beständiger Vorzug für das Antreten mit dem rechten Bein und somit ein eindeutig positiver Lateralitätsindex zeigt, dass Ihr Pferd ein Optimist sein könnte und neuen Situationen eher positiv und neugierig gegenübertritt.

Wenn das Pferd gleichseitig, mäßig links- oder mäßig rechtsseitig ist: Ein ausgeglichener, leicht negativer oder positiver Lateralitätsindex, zeigt, dass Ihr Pferd tendenziell ein Optimist ist. Gelegentlich überlegt und betrachtet es neue Situationen, bevor es auf sie zugeht. Im Grunde ist es aber positiv eingestellt.

Wenn das Pferd linksseitig ist: Ein beständiger Vorzug für das Antreten mit dem linken Bein und somit ein eindeutig negativer Lateralitätsindex zeigt, dass Ihr Pferd ein Pessimist sein könnte. Neuen Situationen tritt es eher skeptisch entgegen.

TEST 2: EIMERTEST

Der Eimertest hilft ebenfalls, um herauszufinden, ob ein Pferd eher optimistisch oder pessimistisch veranlagt ist. Dabei untersuchen Sie, ob Ihr Pferd in einem Wahlversuch einen Eimer als leer oder voll einschätzt. Der Wahlversuch kann jedoch im Vergleich zur Startbeinpräferenz nur einmalig durchgeführt werden, da Lerneffekte beim wiederholten Test das Ergebnis verfälschen. Zunächst trainieren Sie das Pferd auf eine positive und negative Situation an.

Vorbereitung und Ablauf

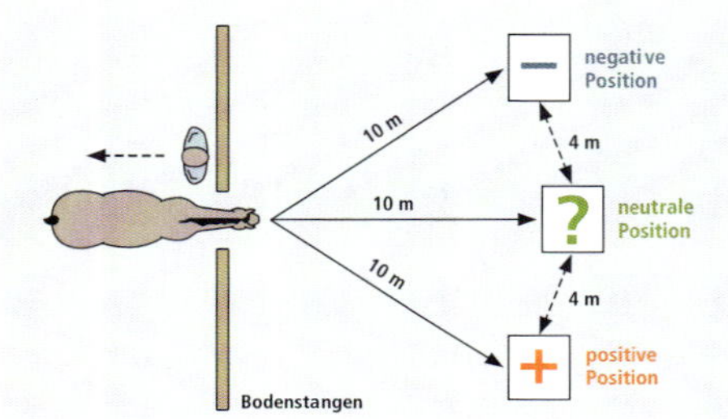

1.

Bereiten Sie das Versuchsareal wie in der Abbildung vor. Das Pferd wird im ersten Schritt auf eine positive Stelle und eine negative Stelle trainiert, bevor der eigentliche Test stattfindet (in dem der Futtereimer auf die mittlere/neutrale Position gestellt wird).

2.

Markieren Sie eine Startlinie. Entscheiden Sie sich, ob Sie die rechte oder linke Seite des Versuchsgeländes als positiv (mit Futter) oder negativ (ohne Futter) antrainieren wollen. Die Wahl der Seite ist egal, muss aber für den ganzen Test fix bleiben.

3.

Geben Sie Futter in den Eimer und stellen Sie ihn an der „positiven Stelle“ auf, am besten macht das eine Hilfsperson.

4.

Bereiten Sie Ihr Pferd auf den Versuch vor, indem Sie es im Versuchsareal herumführen, bis es sich eingewöhnt hat und ruhig bleibt.

5.

Führen Sie das Pferd vom Startpunkt zum Eimer und lassen es aus dem Eimer fressen. Wenn es gefressen hat, führen Sie es zurück zur Startlinie, während der Helfer noch etwas Futter in den Eimer legt. (Wenn Sie keinen Helfer haben, müssen Sie das Pferd irgendwo in der Nähe des Eimers anbinden, während Sie ihn auffüllen.)

6.

Wiederholen Sie den Durchgang zweimal, nachdem die Hilfsperson jeweils eine neue Futterbelohnung in den Eimer gelegt hat. Ist Ihr Pferd eher vorsichtig oder schreckhaft, verwenden Sie zur Sicherheit besser einen Eimer ohne Henkel.

7.

Im vierten und fünften Durchgang stellen Sie bzw. die Hilfsperson den Eimer OHNE Futterbelohnung auf die negative Stelle. Führen Sie Ihr Pferd von der Startposition zum Eimer an der negativen Stelle und lassen Sie das Pferd feststellen, dass nun kein Futter drin ist.

8.

Jetzt wird es interessant: Im sechsten Durchgang wird der Eimer noch einmal auf die positive Position (mit Futter) und im siebten Durchgang auf die negative Position (ohne Futter) gestellt.
Lösen Sie an der Startposition den Strick, wenn alle vier Hufe zum Stillstand gekommen sind und der Eimer platziert ist. Ihr Pferd darf nun allein entscheiden, ob es hingehen möchte oder nicht. Geben Sie ihm jeweils eine Minute Zeit. Geht es nicht zum Eimer, obwohl dieser auf der positiven Seite steht, führen Sie es nach der Minute noch einmal hin und lassen es fressen. Geht es vorher schon zum Eimer, holen Sie es ab, kurz nachdem es den Eimer leer gefressen hat oder kurz davor, damit es nicht ein zweites Mal hingeht und nur noch einen leeren Eimer vorfindet. Geht es innerhalb der einen Minute nicht zum Eimer, wenn er auf der negativen Seite steht, ist alles in Ordnung, Sie können Ihr Pferd einfangen. Für den ersten Tag ist das Training hiermit beendet.

9.

Wiederholen Sie diese Durchgänge an mindestens fünf, besser zehn weiteren Tagen dreimal für jede Seite in unterschiedlicher Reihenfolge, wobei Ihr Pferd immer selbständig entscheiden soll und nur Ihre Hilfe bekommt, wenn es nach einer Minute nicht am Eimer auf der positiven Stelle war.

10.

Wann ist das Trainingsziel erreicht? Wenn Ihr Pferd beide Positionen unterscheiden kann! Das bedeutet: Immer, wenn der Eimer auf der positiven Seite steht, geht es zuverlässig und zielstrebig dorthin und holt sich das Futter. Steht der Eimer auf der negativen Seite, geht Ihr Pferd nicht hin, sondern beschäftigt sich in der einen Minute mit allem anderen oder bleibt sogar am Startpunkt freiwillig stehen.

Der Haupttest

Ihr Pferd hat das Prinzip verstanden und kann positive und negative Position zuverlässig unterscheiden? Dann ist es bereit für den eigentlichen Test und Sie können nun ermitteln, ob Ihr Pferd eher optimistisch oder pessimistisch ist.

1.

Konfrontieren Sie Ihr Pferd am Testtag noch zweimal mit der positiven Stelle und zweimal mit der negativen Stelle des Eimers, um sicherzugehen, dass es beide Positionen tatsächlich unterscheiden kann.

2.

Die Hilfsperson stellt den gefüllten Eimer nun in die mittlere Position und entfernt sich dann wieder. Das Futter sollte im Eimer so platziert werden, dass das Pferd es von der Startposition aus nicht sehen kann.

3.

Positionieren Sie Ihr Pferd wie gewohnt an der Startposition und lösen Sie den Strick erst, wenn alle vier Hufe zum Stillstand gekommen sind.

4.

Notieren oder filmen Sie die Reaktion Ihres Pferdes auf diese neutrale mittlere Position des Eimers. Geht Ihr Pferd hin? Zielgerichtet? Oder nicht?

Auswertung: Was bedeutet das Testergebnis?

Das Pferd ist ein Optimist, wenn … es zielstrebig und direkt zum Eimer geht. Es hat Futter im Eimer vermutet. Ihr Pferd ist tendenziell offen und neugierig gegenüber neuen Dingen.

Das Pferd ist unentschieden (Pessimist oder Optimist), wenn … es zögerlich und langsamer auf den Eimer zu geht. Vielleicht mit Umwegen? Vielleicht hat Ihr Pferd die neutrale Position zunächst als negativ und ohne Futter eingeschätzt, sich dann aber doch ein Herz gefasst und ist hingegangen? Vermutlich können Sie Ähnliches auch im Alltag beobachten. Ihr Pferd ist neuen Dingen gegenüber manchmal eher skeptisch, lässt sich dann aber doch überzeugen, sich damit auseinanderzusetzen. Geben Sie ihm einfach immer etwas Zeit, um die neuen Situationen genauer zu betrachten.

Das Pferd ist ein Pessimist, wenn … es innerhalb einer Minute nicht zum Eimer gegangen ist. Ihr Pferd hat kein Futter im Eimer vermutet. Neuen Situationen steht Ihr Pferd oft skeptisch gegenüber und/oder möchte sie vermeiden. Es benötigt viel Zeit und Geduld. Überprüfen Sie auch mögliche Ursachen des Pessimismus. Liegt dieser in der Vergangenheit oder kommen vielleicht auch die aktuellen Lebensbedingungen als Auslöser infrage, wie zum Beispiel zu wenig Auslauf, fehlende Sozialpartner oder auch Schmerzen und Stress durch Krankheit?

Einen Pessimisten kann man nur bedingt in einen Optimisten verwandeln. Denn die Grundeinstellung zum Leben ist auch bei Pferden unveränderlich. Allerdings zeigen Studien, dass man eine pessimistische Erwartungshaltung zu einem gewissen Maß verbessern kann, indem man die Lebensbedingungen und das Training verbessert.

LATERALITÄT UND PFERDE-WOHL

STRESS IN DER GRUPPE?

Stress macht einseitig, aber er kann bewältigt werden.

Lateralität – ein Stressindikator

Unser aller Anliegen ist, dass es unserem Freizeitpartner Pferd gut geht, es ihm an nichts fehlt und er auch mit unseren Trainingsmethoden zurechtkommt. Doch zu erkennen, ob dies der Fall ist, oder ob das Pferd vielleicht sogar unter den Bedingungen, die wir ihm bieten, leidet, ist gar nicht so leicht.

Es reicht nicht immer aus, die Grundbedürfnisse des Pferdes zu befriedigen. Jedes Pferd hat auch seine individuellen Bedürfnisse. Kann es denen nicht nachgehen, hat es Stress.

MACHT STRESS KRANK?

Stress führt auf körperlicher Ebene zur Ausschüttung von Stresshormonen, die wiederum Auswirkungen auf Organe wie Herz und Lunge haben, aber auch auf das Immunsystem. Der Körper des Pferdes befindet sich in Alarmbereitschaft, im sogenannten Kampf-oder-Flucht-Modus.
Eigentlich ist das eine hervorragende Erfindung von Mutter Natur, denn in Ausnahmesituationen, wie der Flucht vor einem Raubtier, wird in kurzer Zeit sehr viel Energie bereitgestellt, damit das Pferd noch schneller laufen und entkommen kann. Dafür werden aber andere Systeme, wie z. B die Verdauung, heruntergefahren. Alle Energie fließt in das Herzkreislaufsystem, die Muskulatur und die Lunge.
Ist das Pferd dauerhaft gestresst, beispielsweise weil es zu wenig Auslauf, zu wenig Schlaf oder keine Sozialpartner hat, bleibt der Körper über einen längeren Zeitraum im Kampf-oder-Flucht-Modus und arbeitet auf Hochtouren.
Um Schaden zu vermeiden, reguliert der Körper irgendwann dagegen, befindet sich damit aber nach wie vor nicht in einem „gesunden Modus".
Die Gegenregulation bewirkt lediglich, dass nicht ganz so starke Schäden in kurzer Zeit angerichtet werden.
Lang anhaltender Stress kann also krank machen, körperlich und mental.

1

STRESS ERKENNEN, ABER WIE?

Stress bei einem Pferd zu erkennen, ist manchmal schwer, besonders wenn es um langfristigen Stress geht. Seit vielen Jahren beschäftigen sich Forscher mit diesem Thema. Viele Verhaltensindikatoren und das Ausdrucksverhalten sind oft nicht leicht zu bemerken. Auch geschulte Personen kommen manchmal zu unterschiedlichen Ergebnissen, da viele Signale subjektiv sind. So wirkt beispielsweise ein gemütliches und in sich ruhendes Kaltblut apathisch auf einen Reiter, der viel Kontakt mit hoch im Blut stehenden Rennpferden hat. Für den Kaltblutreiter dagegen ist das ein normales Verhalten, das dem ruhigen Temperament seines Pferdes entspricht.

Objektive Parameter zur Beurteilung von Stress bei Pferden sind daher wichtig. Sie ermöglichen es jedem Menschen, eine mögliche Stressbelastung zu erkennen. Die Lateralität ist ein geniales Stressbarometer!

2

STRESS UND DIE RECHTE GEHIRNHÄLFTE

Die rechte Hirnhälfte ist in stressbehafteten Situationen aktiv, sie regelt u. a. die physiologischen Stressantworten (z. B. die Herzfrequenz) und ermöglicht eine schnelle Entscheidungsfindung: Flucht – ja oder nein?

Wir wissen bereits, dass die rechte Hälfte des Gehirns mit der linken Körperhälfte in Verbindung steht. Ob Stress dann zu einem vermehrten Gebrauch der linken Körperhälfte führt, dieser Fragestellung sind Forscher mit unterschiedlichen Ansätzen auf den Grund gegangen.

1 Angst vor einem ungewohnten Boden macht einseitig.

2 Im Training lässt sich die Angst und die Einseitigkeit verbessern.

3 Zum Abschluss noch eine positive, einfache Futterbelohnung.

3

Schon gewusst?

In Stresssituationen ist vor allem die rechte Hälfte des Gehirns aktiv.

STRESS UND SENSORISCHE LATERALITÄT

Stressauslösende Objekte, Personen und Artgenossen scheinen bei den meisten Pferden tatsächlich einen verstärkten Gebrauch der linken Sinnesorgane zu verursachen. Generell geht man davon aus, dass die sensorische Lateralität schnell und situationsbezogen reagiert. Deshalb eignet sie sich gut dafür, einzuschätzen, ob eine Aufregung oder sogar akuter Stress (sogenannter Eustress) empfunden wird. Beruhigt sich das Pferd wieder, ist ein Wechsel zwischen beiden Seiten zu beobachten.

Akuter Stress kann sein:
– eine Konfrontation mit neuen Lebensbedingungen, etwa beim ersten Kontakt mit neuen Gruppenmitgliedern;
– ein plötzlich aufkommender Sturm während eines Ausritts;
– eine neue Trainingssituation, etwa beim Erlernen einer neuen Lektion, dem ersten Aufsteigen, Rückwärtstreten, Schenkelweichen und, und, und.

Bei anhaltenden Stresssituationen kann die sensorische Lateralität auch länger nach links verschoben sein, sie geht jedoch schnell wieder auf ihr Ausgangsniveau zurück, wenn sich die Lage für das Pferd verbessert.

1

2

1 Der Koppelpartner erscheint suspekt, man hält ihn lieber links von sich.

2 Das gilt genauso für den bunten Ball.

Schon gewusst?

Bei kurzzeitigem Stress verwenden Pferde vermehrt die linken Sinnesorgane.

Schon gewusst?

Pferde verwenden im Stress nach und nach vermehrt die linken Gliedmaßen. Da diese Verschiebung nach links langsam geschieht, ist das ein zuverlässiger Indikator für lang anhaltenden Stress.

STRESS UND MOTORISCHE LATERALITÄT

Um krank machenden, chronischen Stress mithilfe der Lateralität zu erkennen, müssen wir uns mit der motorischen Lateralität auseinandersetzen. Denn die motorische Lateralität verändert sich langsamer, und diese Veränderung hält viel länger an als die der sensorischen Lateralität. Daher ist sie ein vielversprechender Indikator, um lang anhaltenden Stress zu erkennen.

In vielen Studien zeigte sich, dass Pferde in der Tat einen verstärkten Gebrauch der linken Gliedmaßen zeigen, wenn ihre Lebensqualität über längere Zeit eingeschränkt ist. Dies kann zum Beispiel der Fall sein, wenn sie ernsthaft krank sind oder wenn sie sich mit vielen Gruppenmitgliedern um wenig Platz oder Futter streiten müssen. Die verstärkte linksseitige motorische Lateralität zeigt sich auch, wenn Pferde im Training ständig unter Stress stehen, zum Beispiel häufig bestraft werden für etwas, was sie nicht verstehen.

BALANCE

Das körperliche Gleichgewicht will geübt werden.

Das Pferd in Balance bringen

Ausgeglichenheit, sowohl körperlich als auch psychisch, ist für eine erfolgreiche Partnerschaft mit unseren Pferden von entscheidender Bedeutung. Daher beschäftigen wir uns im Folgenden damit, wie wir das Pferd in die Balance bringen.

Das körperliche Gleichgewicht ist der Schlüssel zur schwer fassbaren „Geraderichtung". Das psychische Gleichgewicht ist von zentraler Bedeutung für das Wohlbefinden des Pferdes sowie für eine sichere und harmonische Beziehung. Da Stress mit einer vermehrt linksseitigen sensorischen und motorischen Lateralität einhergeht, ist es klar, dass die verschiedenen Formen der Einseitigkeit die Schiefe des Pferdes fördern können.

ÜBERLEBEN SICHERN

Ein perfektes Gleichgewicht, im Sinne eines sensorischen oder motorischen Lateralitätsindex von Null, ist unrealistisch und nicht unbedingt erwünscht. Die lateralisierte Gehirnfunktion hat sich über Millionen von Jahren entwickelt. Die Lateralität ist auch bei allen anderen Säugetieren, bis hin zu Fischen und sogar bei Insekten, zu beobachten. Sie sorgte für bessere Überlebenschancen durch Multitasking des Gehirns und wird durch nichts, was wir jetzt tun, gelöscht. Allerdings verändert sich die Stärke der Lateralität unter verschiedenen Bedingungen, im Falle der sensorischen Lateralität sogar augenblicklich als Reaktion auf eine plötzliche Bedrohung. Das haben wir an verschiedenen Beispielen bereits gesehen. Eine Theorie besagt, dass der plötzliche Anstieg der sensorischen Lateralität Teil eines Mechanismus ist, welcher der Gruppe hilft, bei der Flucht vor Raubtieren zusammenzubleiben. Wir können dies in Naturfilmen beobachten, in denen beispielsweise Löwen auf der Jagd nach Zebras sind.

Schon gewusst?

Ein Pferd auf der Flucht behält seine Gruppe im linken Auge und analysiert mit dem rechten Auge, wie der Fluchtweg beschaffen ist.

1

1 Die Mama hat den Fluchtweg im Blick.

2 Sicherheitshalber behält man sie im linken Blickfeld.

Die Löwen werden versuchen, ein Zebra aus der Gruppe zu trennen. Sobald das gelingt, stehen die Chancen schlecht, dass dieses Zebra entkommt. Diejenigen, die sich koordiniert in der Gruppe bewegen, haben dagegen gute Überlebenschancen. Daher könnte eine einheitliche seitliche Reaktion auf eine plötzliche Bedrohung einen evolutionären Vorteil haben. Diese Theorie wird durch die Tatsache gestützt, dass Przewalskis und halbwilde Hauspferde eine stärkere sensorische Lateralität in ihren Interaktionen aufweisen als Hauspferde. Unser Ziel ist es daher nicht, die natürliche Lateralität des Pferdes zu löschen, sondern das Pferd vor Extremen zu bewahren, die auf ein hohes Maß an Stress, Angst und Erregung hinweisen. Wenn wir uns der verschiedenen Formen der Lateralität unserer Pferde bewusst sind und deren Veränderungen beobachten, können wir Haltungsbedingungen, Training und unsere gesamte Partnerschaft mit den Pferden optimieren und zu einem harmonischen Umgang kommen.

LERNEN ERMÖGLICHEN

Ein gestresstes Pferd (auch ein gestresster Mensch) kann nicht effektiv lernen. Für den Erfolg des Trainings ist es entscheidend, dass die Pferde in einem Geisteszustand sind, der es ihnen ermöglicht, für neue Ideen und Situationen empfänglich zu sein. Ihnen wird dieser Zustand vielleicht auch als innere Losgelassenheit bekannt sein. Wie wir gesehen haben, kann sich eine gestresste oder pessimistische Stimmung in der motorischen Lateralität des Pferdes widerspiegeln. Die Überwachung etwaiger

Schon gewusst?

Ein Pessimist vermutet auch im Training oft erst einmal das Schlechteste, ist schnell gestresst und motorisch eher linksseitig.

Veränderungen der Einseitigkeit kann mit diesem Wissen ein Frühwarnsystem sein.

Die Gemütsverfassung des Pferdes kann von vielen Dingen beeinflusst werden, zum Beispiel von seinem Gesundheitszustand, von Veränderungen in seiner Umgebung oder dem Beginn eines neues Trainingsprogramms, ebenso davon, ob seinen Bedürfnissen in Unterbringung, Fütterung und Sozialkontakt entsprochen wird. Wenn wir uns der Veränderungen in der Lateralität bewusst sind, können wir sie nutzen, um sicherzustellen, dass das Pferd in der besten mentalen Verfassung ist, um seine täglichen Herausforderungen zu meistern.

GELASSENHEIT SCHAFFEN

Die sensorische Lateralität kann sich schnell ändern, wenn ein kurzfristiger Stressfaktor zu einer Linksverschiebung führt. Sie ist leicht zu beobachten und für die Kontrolle des Trainings am besten geeignet, denn: Wenn das Pferd entspannter und selbstbewusster mit neuen Situationen und Herausforderungen umgeht, verbessert sich das Gleichgewicht zwischen der Arbeit der linken und rechten Gehirnhälfte, die sensorische Lateralität schwächt sich ab.

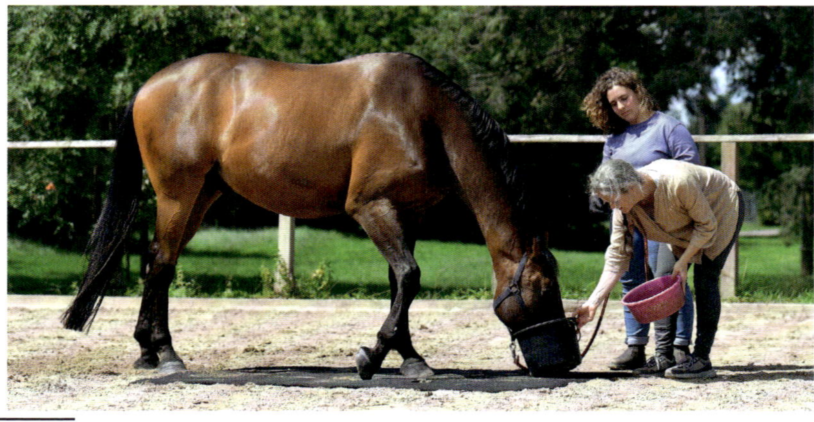

1

Schon gewusst?

Im Training am Boden kann man die Grundeinstellung seines Pferdes kennenlernen, indem man seine Lateralität beobachtet.

Ob Sie nun einem Fohlen die ersten Umgangsformen beibringen, ein Jungpferd antrainieren oder ein neues Pferd übernehmen: Es ist in allen Fällen nützlich, die ersten vertrauensbildende Maßnahmen vom Boden aus zu beginnen. In den letzten Jahren erfreuen sich deshalb das „Gelassenheitstraining" und ähnliche Trainingsprogramme immer größerer Beliebtheit und stellen eine Möglichkeit dar, die körperliche und geistige Balance des Pferdes in einer strukturierten Form zu trainieren.
Auch in der Schulung von menschlichen Neueinsteigern in die Pferdewelt bewährt sich das Gelassenheitstraining. Es vermittelt ein Gefühl für die Reaktionen des Pferdes.

Die Basis des Gelassenheitstrainings

Tatsächlich haben Sie sich mit dem Grundprinzip des Gelassenheitstrainings, der Konfrontation der Pferde mit Objekten und Situationen, bereits beim Objekttest beschäftigt. Wenn ein Pferd zum ersten Mal ein neues Objekt sieht, blickt es dies normalerweise mit beiden Augen und nach vorn gespitzten Ohren an. Wenn es sich dem Objekt nähert, nutzt es das eine oder andere Auge zur genaueren Untersuchung – wenn das Pferd aufgeregt und emotional ist, meistens zuerst das linke Auge. In der Folge wechselt es bei der Beobachtung zwischen den Augen. Wenn es ruhiger und entspannter ist, bevorzugt es vielleicht immer noch das linke Auge, aber die Präferenz wird schwächer
Das Prinzip des Gelassenheitstrainings ist immer gleich: das systematische Präsentieren neuer Objekte und neuer Übungen von links und rechts, bis das Pferd auf beiden Seiten entspannt ist. Dem Pferd wird erlaubt, mit jedem Auge über die entsprechende Gehirnhälfte Erfahrungen zu verarbeiten, um seine emotionalen Reaktionen zu koordinieren.
Obwohl es Unterschiede in den Details gibt, ist allen Methoden gemeinsam, dass dem Pferd Zeit gegeben wird, neue Objekte auf beiden Seiten zu beobachten, zu untersuchen und zu akzeptieren. Für den Erfolg dieser Übungen ist es entscheidend, dass sie

ruhig, kontrolliert und mitfühlend durchgeführt werden. Der Schwierigkeitsgrad des Gelassenheitstrainings darf nur langsam gesteigert werden, und erst dann, wenn sich das Pferd in einem niedrigeren Schwierigkeitsgrad entspannt zeigt. Das Pferd bestimmt somit die Geschwindigkeit, in der wir mit ihm arbeiten können. Regt es sich auf, so sollte man zu einer einfacheren Stufe zurückkehren.

Der wiederholte Kontakt mit neuartigen Situationen und Objekten, sofern er richtig durchgeführt wird, kann dem Pferd helfen, Ungewohntes schneller zu akzeptieren und weniger Angst davor zu haben. Es bekommt durch das Training mehr Selbstvertrauen und lernt, dem Menschen zu vertrauen. Seine sensorische Lateralität ist immer noch sichtbar, aber sie ist nicht mehr so extrem.

1 Futter reduziert die Angst vor einer Matte.

2 Mit Gelassenheitstraining auf dem Weg zu Balance

3 Objekte sollten immer von beiden Seiten präsentiert werden.

Früh übt sich Gelassenheit.

AUFSTEIGEN

Ein routiniertes Pferd meistert die schwierige Situation des Aufsteigens gelassen.

Von der Bodenarbeit zum Anreiten

Von der Bodenarbeit aus möchten wir nun weiterkommen und reiten. Das erste Aufsteigen sollten Sie gut vorbereiten, denn es verlangt viel. Das Pferd muss lernen, den Reiter körperlich auszubalancieren, aber auch das Fühlen und Sehen eines Reiters auf seinem Rücken zu verarbeiten.

Wenn ein Reiter aufsitzt, erhält das Pferd sensorische Eingaben von beiden Seiten seines Körpers, und das von einer Person, die sich im toten Winkel in der Mitte seines Rückens befindet. Während Pferde ein Sichtfeld von etwa 300 Grad haben, können sie ihren eigenen Rücken nicht sehen, ohne den Kopf herumzudrehen, außerdem gibt es unter der Nase und hinter dem Schweif einen toten Winkel. Wenn sie geradeaus schauen, können sie die Beine des Reiters im Allgemeinen nur am Rande ihres peripheren Sichtfelds sehen, mehr aber auch nicht. Das heißt: Steigt der Reiter auf das Pferd, sieht das Pferd den Reiter zunächst auf einer Seite (normalerweise auf der linken), dann verschwindet der Reiter im toten Winkel und plötzlich erscheint sein rechtes Bein auf der rechten Seite des Pferdes. Jetzt sieht es also auf jeder Seite ein Bein, aber nicht den Reiter. Der sitzt nun „unsichtbar“ genau in der Position, in der ein großes Raubtier versuchen würde, das Pferd mit einem Genickbiss zu töten.

So ist es kaum verwunderlich, dass die meisten Pferde sich beim ersten Aufsteigen eines Reiters angespannt zeigen oder sogar erschrecken und buckeln. Leider wird dies oft als „schlechtes Verhalten“ gewertet und mit Gewalt geahndet, etwa dadurch, dass mehrere Leute das Pferd festhalten, während der Reiter aufsteigt. Wenn die natürliche Angst des Pferdes zu diesem Zeitpunkt ignoriert wird, kann es zwar lernen, ein Durchgehen, Buckeln und Steigen zu unterdrücken, findet aber oft andere Möglichkeiten, seine Besorgnis auszudrücken – wie z. B. sich zu weigern, sich der Aufstiegshilfe anzunähern,

Schon gewusst?

Dem Pferd zu helfen, die sensorischen Eingaben von beiden Seiten seines Körpers zu koordinieren, ist wahrscheinlich der am häufigsten übersehene und unterschätzte Aspekt des Anreitens.

HEKTISCH BEIM AUFSTEIGEN?

Unruhe beim Aufsteigen wird manchmal als „Er ist einfach motiviert" oder „Er ist eben ein zappeliges Pferd" abgetan. Es ist aber ein Zeichen dafür, dass sich Stress aufbaut, dessen Ursachen unterschiedlich sein können: fehlende Balance beim Aufsteigen, Angst vor dem Reiter, nicht passender Sattel, der Schmerzen verursacht u. v. m. Die sensorische Lateralität kann sich in solchen Situationen nach links verschieben und Ihr Pferd duldet es beispielsweise noch weniger, wenn Sie auch noch von rechts aufsteigen wollen.

1

dort nicht stehen zu bleiben oder loszugehen, bevor der Reiter richtig im Sattel sitzt.

Ganz gleich, ob es sich um ein junges Pferd handelt, das zum ersten Mal geritten wird, oder um ein älteres Pferd, das das unangenehme Gefühl beim Aufsteigen des Reiters noch nicht ganz überwunden hat: Wenn das Pferd nicht unter Schmerzen oder Angst leidet, ist es relativ einfach, ihm zu helfen, seine Unruhe zu überwinden. Durch ein systematisches Training kann es lernen, die Informationen zu koordinieren und empfindet später die Bewegung über seinem Rücken nicht mehr als besorgniserregend. Zu den typischen Übungen, die diese Koordination verbessern, gehört das Bewegen von Gegenständen durch den toten Winkel. Dabei kann es sich beispielsweise zunächst um das Reichen einer Gerte oder das (langsame, sanfte!) Schwingen eines Seils über den Rücken des Pferdes handeln. Wenn dies langsam und schrittweise von jeder Seite aus geschieht (zuerst von links, da die linke Seite normalerweise zur Beurteilung neuer Informationen bevorzugt wird) und mit Pausen belohnt wird, dann lernt das Pferd (bzw. seine Gehirnhälften) Informationen besser zu verarbeiten und die Eingaben jedes Auges zu koordinieren. Wenn das Pferd so vorbereitet wird, ehe jegliches andere Training beginnt, können viele Probleme vermieden werden.
Es wird nicht erschrecken, wenn der Reiter aufsteigt.

2

1 Diese Übung zeigt, wie es dem Pferd gelingt, in Balance zu kommen.

2 Achten Sie beim Bewegen von Gegenständen auf genügend Abstand zum Pferd.

3 Sehen Sie, wie gerade die Linie auf dem Rücken nun ist?

3

DIE SCHIEFE AUSGLEICHEN

In der nun folgenden Karriere Ihres Pferdes als Reitpferd muss es in der Lage sein, beide Seiten seines Körpers zu nutzen, um sich und den Reiter auszubalancieren, auch wenn diese Seiten in keiner Weise anatomisch symmetrisch sind. Nur so überlastet es seine Beine nicht und bleibt gesund. In diesem Sinne hilft es dem Pferd, es geradezurichten bzw. seine körperliche Schiefe durch Training auszugleichen. Durch entsprechende Lektionen wird die gleiche Kraft auf beiden Seiten

Nur durch gutes Training bleibt das Pferd physisch und psychisch gesund.

Schon gewusst?

Das Hereinschieben von Schulter oder Hinterhand in die Bahnmitte wird zunächst durch die angeborene Krümmung des Pferdes in der Längsachse, also tatsächlich durch die körperliche Schiefe, verursacht. Aber es wird bei Aufregung und Stress durch die sensorische und motorische Lateralität des Pferdes verstärkt.

1

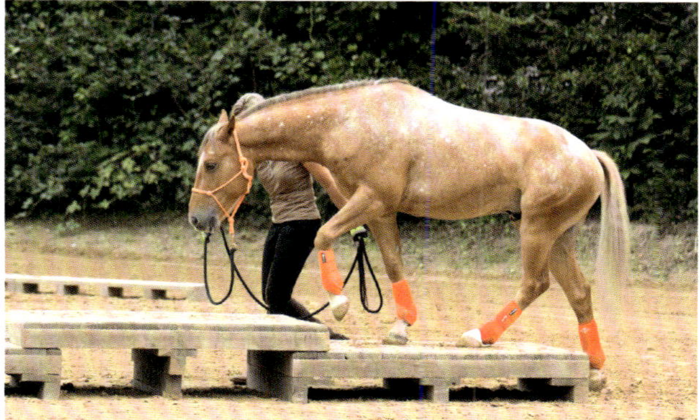

2

3

1 Die körperliche Schiefe des Pferdes muss durch Training ausgeglichen werden.

2–3 Bodenarbeit ist ein gutes Training auf dem Weg dahin.

aufgebaut, ganz so, wie es von vielen Trainingslehren empfohlen wird.
Ein echtes „Gleichgewicht“ erreicht das Pferd nur durch den Ausgleich seines Gewichtes in der seitlichen und in der Längsachse: Das Pferd muss zwischen Hinterhand und Vorhand sowie zwischen links und rechts ausbalanciert sein.
Viele Pferde schieben bei Wendungen eine Schulter oder in der anderen Richtung die Hinterhand zur Mitte der Reitbahn. Ist die gespannte Seite zur Innenseite einer Kurve gerichtet, dann wird die Schulter meist in die Bewegungsrichtung geschoben. Geht die Wendung in Richtung der hohlen Seite, schieben die meisten Pferde die Hinterhand in die Kurve.
Pferde mogeln sich gern um eine Anstrengung herum und versuchen, ihre Lieblingsbeine vermehrt zu verwenden. Sie bevorzugen also die Gliedmaßen, die durch ihre motorische Einseitigkeit bereits geschickter und stärker sind. In einer ebenen Reitbahn kann sich das Pferd bequem mit seinem Lieblingsbein ausbalancieren. Wenn wir es zulassen, werden die stärkeren Gliedmaßen immer stärker und die schwächeren immer schwächer. Somit verstärkt sich die motorische Lateralität des Pferdes, die körperliche Schiefe nimmt scheinbar zu. Zusätzlich muss das Pferd nun aber auch noch das Reitergewicht ausbalancieren. Das kann schließlich zur Überlastung von Sehnen, Bändern und

Gelenken an den „Lieblingsbeinen“ eines körperlich und motorisch stark einseitigen Pferdes führen. In einem natürlichen Umfeld, wenn Pferde sich auf unebenem Boden über Stock und Stein ausbalancieren müssen, kommt das Pferd mit seiner Bequemlichkeit nicht durch. Es muss sich mit beiden Gliedmaßen ausbalancieren, um nicht zu stürzen.

Wie können wir nun die körperliche Schiefe des Pferdes im Training ausgleichen? Oft wird das Pferd hierfür „aufgerichtet“, indem Reiter und Trainer versuchen, Kopf und Hals des Pferdes mit viel Zügel- und Hilfszügelkraft in bestimmte Positionen zu ziehen. Viele Pferdeköpfe werden nach oben oder in Richtung Brust gezogen. Eine erzwungene Haltung verstärkt die Probleme aber nur noch! Pferde weichen seitlich aus, weil die Hinterhand nicht stark genug ist, um das eigene Körpergewicht und das Reitergewicht im Gleichgewicht zu tragen. Macht ihnen die erzwungene Aufrichtung Angst oder bereitet gar Schmerzen, so bewirkt dies eine vermehrte motorische Lateralität und eine noch stärkere Einseitigkeit.

Erfolge lassen sich hingegen durch ein abwechslungsreiches und beidseitiges Training erzielen. Der Hals des untrainierten Pferdes ist dessen „Balancestange“, die wir nicht durch übermäßige Zügeleinwirkung und hinter die Senkrechte bringen sollten. Zudem wird durch diese Überspannung der Rückenstrukturen die Hinterhand am Untertreten gehindert. Die Zügelhilfen sollen das Pferd unterstützen, in die gewünschte und ausbalancierte Haltung zu finden.

Klare und eindeutige Signale helfen dem Pferd, uns zu verstehen.

Fokussieren sollten wir uns auf die Hinterhand des Pferdes: Die Balance entwickelt sich aus der Hinterhand heraus. Ist die Hinterhand kraftvoll genug, kann sie unter den Schwerpunkt treten, wobei beide Hinterbeine gleichmäßig belastet werden. Sie balanciert und trägt dann den Pferdekörper samt Reiter. Eine gute Mischung aus korrekt durchgeführter Bodenarbeit in Abwechslung mit dem Training unter dem Reiter, mit korrekten Lösungs- und Entspannungsphasen sowie regelmäßige Geländeritte sind ein guter Weg zum körperlich und mental ausbalancierten Pferd.

Allem voran sind jedoch passende Haltungsbedingungen zu erwähnen. Stimmen diese nicht, ist ein mentales

Gleichgewicht auch im Training nur schwer zu erreichen – und damit auch die „Geraderichtung".

Wie können Sie dem Pferd weiterhin helfen, sein Gleichgewicht zu finden? Hier ein paar Anregungen:

– Wenn ein Pferd beim Führen in eine brenzlige Lage gerät, z. B wenn es von einem Traktor auf dem Hof „bedrängt" wird, dann erlauben Sie ihm, den Menschen oder andere Pferde links von sich zu halten. So beruhigt es sich in aller Regel schnell wieder.

– Geben Sie Ihre Signale konsequent und schnell, innerhalb von maximal drei Sekunden, besser innerhalb von einer Sekunde nach einem Ereignis. Ein kurzer Impuls am Strick sollte zum Beispiel sofort erfolgen, wenn das Pferd zu schnell läuft, und nicht zu einem dauerhaften Ziehen werden. Dauerhafter Zug wird das Pferd abstumpfen.

Schon gewusst?

Ihr Pferd sollte lernen, sich ohne Zwang selbständig auszubalancieren, indem es sich gerade hält und seine Hinterhand nach vorn und unter sein Körpergleichgewicht bringt.

Im Gelände muss das Pferd seine Beine gleichmäßig nutzen.

1

2

1 Es trainiert, alltägliche Dinge von beiden Seiten durchzuführen.

2 Trensen Sie ruhig abwechselnd von rechts und von links.

3 Von rechts aufzusteigen trainiert die Balance von Reiter und Pferd.

– Sie können von beiden Seiten aufhalftern, auftrensen, satteln und führen.
– Verwenden Sie eine Aufstiegshilfe und steigen Sie sowohl von links als auch von rechts auf. Das tut uns gut, denn es schult unsere motorische Geschicklichkeit und es reduziert die einseitige Belastung der Pferde. Wenn Sie ohne Aufstiegshilfe an der linken Seite des Pferdes „hängen", belastet dies seine Muskeln, Gelenke und Bänder stark einseitig. Osteopathen stellen in solchen Fällen nicht selten

3

eine leichte Rotation der Wirbelsäule fest. Wenn sich das Pferd in der Reitbahn ängstlich verhält, sich verspannt und schief wird, dann sollten Sie an seiner Gelassenheit arbeiten und es nicht durch verstärkte Hilfengebung „geraderichten“. Beobachten Sie, wann seine Bewegungen wieder gleichmäßig und taktrein werden und es sich locker und losgelassen bewegt. Erst dann fahren Sie mit dem Training fort.

– Bieten Sie dem Pferd unter dem Reiter so viel Ruhe und Sicherheit, dass es nicht zum stark einseitigen Gebrauch der Sinnesorgane oder Muskulatur gezwungen wird.

– Arbeiten Sie an Ihrem Körpergefühl und verbessern Sie Ihre reiterlichen Fähigkeiten. Wenn Sie lernen, Ihren Körper zu kontrollieren, muss das Pferd nicht zusätzlich noch Ihre Einseitigkeit und Schiefe ausgleichen.

– Schulen Sie die gleichseitige Balance, Koordination und Kraft der Pferde unter dem Reiter mit den Lektionen der jeweiligen Reitweisen im regen Wechsel auf beiden Seiten.

– Erlauben Sie dem Pferd vor einem Sprung, seinen Kopf nach links und rechts zu bewegen, sodass es das Hindernis mit beiden Augen im Wechsel besser sehen und die Information mit beiden Gehirnhälften verarbeiten kann.

All dies und mehr kann dem Pferd helfen, Vertrauen zum Menschen und zu sich aufzubauen, was wiederum die mentale Losgelassenheit als Grundlage einer „Geraderichtung“ fördert. „Geraderichtung“ beginnt in dem Sinne mit der Akzeptanz der Schiefe unserer Pferde in all ihren Facetten. Schließlich haben wir guten Grund dazu, uns über die Existenz der Lateralität des Pferdes zu freuen, denn wir können sie als Warnsystem für trainings- und haltungsbedingte Herausforderungen an die psychische Gesundheit unserer Pferde nutzen. Ist unser Pferde gerade und entspannt, dann geht es ihm gut. Es fühlt sich wohl in seinen Haltungsbedingungen und im Training und wird es uns mit Gesundheit und Belastbarkeit danken.

Service

LITERATUR

Austin, N. P. & Rogers, L. J. (2007). Asymmetry of flight and escape turning responses in horses. Laterality, 12(5), 464–474.doi: 10.1080/13576500701495307

Austin, N. P. & Rogers, L. J. (2012). Limb preferences and lateralization of aggression, reactivity and vigilance in feral horses, Equus caballus. Anim. Behav., 83(1), 239–247. doi: 10.1016/j.anbehav.2011.10.033

Austin, N. P. & Rogers, L. J. (2014). Lateralization of agonistic and vigilance responses in Przewalski horses (Equus przewalskii). Applied Animal Behaviour Science, 151, 43–50. doi: 10.1016/j.applanim.2013.11.011

Cocq, P. de; Prinsen, H.; Springer, N. C. N.; van Weeren, P. R.; Schreuder, M.; Muller, M.; van Leeuwen, J. L. (2009): The effect of rising and sitting trot on back movements and head-neck position of the horse. In Equine veterinary journal 41(5), pp. 423–427. doi: 10.2746/042516409x371387

De Boyer Des Roches, A., Richard-Yris, M. A., Henry, S., Ezzaouia, M. & Hausberger, M. (2008). Laterality and emotions: visual laterality in the domestic horse (Equus caballus) differs with objects‘ emotional value. Physiol. Behav., 94(3), 487–490.doi: 10.1016/j.physbeh.2008.03.002

Farmer, K., Krueger, K., & Byrne, R. (2010). Visual laterality in the domestic horse (Equus caballus) interacting with humans. Anim. Cogn., 13, 229–238. doi: 10.1007/s10071-009-0260-x

Farmer, K., Krüger, K., Byrne, R. W. & Marr, I. (2018). Sensory laterality in affiliative interactions in domestic horses and ponies (Equus caballus). Anim. Cogn., 21(5), 631–637.doi: 10.1007/s10071-018-1196-9

Frasnelli, E., Haase, A., Rigosi, E., Anfora, G., Rogers, L. J., Vallortigara, G. (2014). The Bee as a Model to Investigate Brain and Behavioural Asymmetries. Insects 5, 120–138. doi.org/10.3390/insects5010120

Grzimek B. (1949). Rechts- und Linkshändigkeit bei Pferden, Papageien und Affen. Z. Tierpsychol., 6(3), 406–432.

Krueger, K., Schwarz, S., Marr, I., & Farmer, K. (2022). Laterality in Horse Training: Psychological and Physical Balance and Coordination and Strength Rather Than Straightness. Animals, 12(8), 1042. doi: 10.3390/ani12081042

Kuhnke, S. & von Borstel, U. K. (2021). Die Lateralität des Pferdes: Erfassungsmethoden, genetische Parameter, Auswirkungen auf die Zügelspannung und Pferd-Reiter-Kommunikation. Züchtungskunde, 93(5).

Löckener, S., Reese, S., Erhard, M., & Wöhr, A. C. (2016). Pasturing in herds after housing in horseboxes induces a positive cognitive bias in horses. Journal of Veterinary Behavior: Clinical Applications and Research, 11, 50–55.doi: 10.1016/j.jveb.2015.11.005

Lucidi, P.; Bacco, G.; Sticco, M.; Mazzoleni, G.; Benvenuti, M.; Bernabò, N.; Trentini, R. (2013): Assessment of motor laterality in foals and young horses (Equus caballus) through an analysis of derailment at trot. In Physiology & behavior 109, pp. 8–13. doi: 10.1016/j.physbeh.2012.11.006

Marr, I., Farmer, K., & Krueger, K. (2018). Evidence for Right-Sided Horses Being More Optimistic than Left-Sided Horses. Animals, 8(12), 219. doi: 10.3390/ani8120219

Marr, I., Preisler, V., Farmer, K., Stefanski, V. & Krueger, K. (2020). Non-invasive stress evaluation in domestic horses (Equus caballus): impact of housing conditions on sensory laterality and immunoglobulin A. Royal Society Open Science, 7(2), 191994.doi: 10.1098/rsos.191994

Marr, I., Stefanski, V., & Krueger, K. (2022). Lateralität – ein Indikator für das Tierwohl? [Laterality – an animal welfare indicator?]. Der Praktische Tierarzt, 103(12/2022), 1246–12757. doi: 10.2376/0032-681X-2249

MacNeilage, P.; Rogers, L. J.; Vallortigara, G. (2009): Origins of the left and right brain. In Sci Am 301, pp.60–67. doi: 10.1038/scientific.

McGreevy, P. D., & Rogers, L. J. (2005). Motor and sensory laterality in thoroughbred horses. Appl. Anim. Behav. Sci., 92(4), 337–352.doi: 10.1016/j.applanim.2004.11.012

McGreevy, P. D.; Thomson, P. C. (2006): Differences in motor laterality between breeds of performance horse. In Applied Animal Behaviour Science 99 (1–2), pp. 183 –190. doi: 10.1016/j.applanim.2005.09.010.

Murphy, J., Sutherland A., & Arkins, S. (2005). Idiosyncratic motor laterality in the horse. Appl. Anim. Behav. Sci., 91(3-4), 297–310.doi: 10.1016/j.applanim.2004.11.001

Rehren, K. D. (2018). Untersuchung der „Schiefe "des Pferdes: Symmetrie von Bewegungsablauf und Hufbelastung (Vol. 37). Cuvillier Verlag.

Rogers, L. J. (2010). Relevance of brain and behavioural lateralization to animal welfare. Appl. Anim. Behav. Sci., 127(1-2), 1–11. doi: 10.1016/j.applanim.2010.06.008

Rogers, L. J. (2017). A Matter of Degree: Strength of Brain Asymmetry and Behaviour. Symmetry, 9(4). doi: 10.3390/sym9040057

Schwarz, S., Marr, I., Farmer, K., Graf, K., Stefanski, V. & Krueger, K. (2022). Does Carrying a Rider Change Motor and Sensory Laterality in Horses? Animals, 12(8), 992. doi: 10.3390/ani12080992

Steinbrecht, G. (1886): Das Gymnasium des Pferdes. With assistance of Paul Plinzner: Cadmos Verlag.

Vallortigara, G.; Bisazza, A. (2002): How ancient is brain lateralization? In L. J. Rogers, R. Andrew (Eds.): Comparative Vertebrate Lateralization. Cambridge: Cambridge University Press, pp. 9 – 69.

van Heel, M. C. V.; van Dierendonck, M. C.; Kroekenstoel, A. M.; Back, W. (2010): Later-alised motor behaviour leads to increased unevenness in front feet and asymmetry in athletic performance in young mature Warmblood horses. In Equine veterinary journal 42 (5), pp. 444–450. doi: 10.1111/j.2042-3306.2010.00064.x

REGISTER

BILDNACHWEIS

117 Farbfotos wurden von Horst Streitferdt / Kosmos für dieses Buch aufgenommen. Weitere Bilder sind von Kate Farmer (S. 27 u., 103), Marko Geiwitz (S. 63), Sophia Gühne (S.52, 53 o., 53 u.), Konstanze Krüger (S. 27 o.l.), Isabell Marr (S. 30 u., 67 o., 67 u.), Sandra Reitenbach / Kosmos (S. 42 o., 42 u., 74 o., 90 o., 101 o.r., 101 o.l., 101 u.) und Christiane Slawik (S. 3, 13 o., 13 u., 32, 33, 45, 74 u., 82/83, 88 o., 90 u., 100, 102).

Die Bilder der Klappen sind von Christiane Slawik und Horst Streitferdt /Kosmos (Klappe vorn/u. l.).

IMPRESSUM

Umschlaggestaltung von GRAMISCI Editorialdesign / Isabelle Fischer, München, unter Verwendung von zwei Farbfotos von Christiane Slawik.

Mit 147 Farbfotos

Unser gesamtes Programm finden Sie unter **kosmos.de.**
Über Neuigkeiten informieren Sie regelmäßig unsere Newsletter, einfach anmelden unter **kosmos.de/newsletter**

Gedruckt auf chlorfrei gebleichtem Papier

ISBN 978-3-440-17658-0
Redaktion: Birgit Bohnet
Gestaltungskonzept: GRAMISCI Editorialdesign / Cornelia Sekulin
Gestaltung und Satz: Atelier Krohmer, Dettingen/Erms
Produktion: Claudia Frank
Druck und Bindung: Westermann Druck Zwickau GmbH, Zwickau
Printed in Germany / Imprimé en Allemagne

Aus der Wissenschaft —— für die Praxis

224 Seiten

Schluss mit Pferde-Mythen! Prof. Dr. Konstanze Krüger und Dr. Isabell Marr stellen die aktuellen Erkenntnisse der Verhaltensforschung vor und zeigen, wie sich dieses Wissen bei Ausbildung und Training sowie im täglichen Umgang nutzen lässt. Ein Standardwerk auf dem neuesten Stand der Wissenschaft.

Das Gehirn steuert das Verhalten – beim Pferd ebenso wie beim Menschen. Die Neurowissenschaftlerin und erfolgreiche Trainerin Janet Jones erklärt leicht verständlich die Gemeinsamkeiten und Unterschiede zwischen den Gehirnen von Mensch und Pferd und zeigt, wie man dieses Wissen anwendet, um Ausbildung, Training und Umgang effizient und lösungsorientiert zu gestalten.

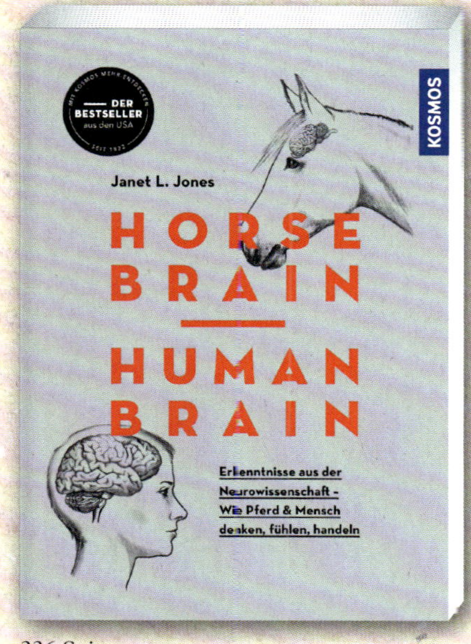

336 Seiten